新一代信息技术
在南水北调应急管理中的
应用与实践

朱耘志　刘雪梅　任秉枢　李海瑞　陈晓璐　编著

中国电力出版社
CHINA ELECTRIC POWER PRESS

内 容 简 介

南水北调工程具有线路长、交叉河流众多、沿线地质条件复杂等特点，使得工程事故诱因众多、分布广泛。传统应急管理方法已经无法满足这种超长距离输水工程的应急管理要求，需要充分利用新一代信息技术来构建"平战结合"的应急管理模式。

本书在南水北调中线工程已有信息化基础之上，围绕如何对应急管理的关键业务进行智能化改造，提出和构建合适的实施方案，达到实用好用的效果。作者在书中梳理和分享了相关工作的一些经验与思考，旨在为广大的水利工程信息化从业人员提供启发。

图书在版编目（CIP）数据

新一代信息技术在南水北调应急管理中的应用与实践 ／ 朱耘志等编著. -- 北京：中国电力出版社，2024．11. -- ISBN 978-7-5198-9420-7

Ⅰ．TV68-39

中国国家版本馆 CIP 数据核字第 202457SR54 号

出版发行：中国电力出版社
地　　址：北京市东城区北京站西街 19 号（邮政编码 100005）
网　　址：http://www.cepp.sgcc.com.cn
责任编辑：王晓蕾（010-63412610）
责任校对：黄　蓓　郝军燕
装帧设计：郝晓燕
责任印制：杨晓东

印　　刷：北京天宇星印刷厂
版　　次：2024 年 11 月第一版
印　　次：2024 年 11 月北京第一次印刷
开　　本：787 毫米×1092 毫米　16 开本
印　　张：10
字　　数：178 千字
定　　价：58.00 元

中国是一个水资源严重短缺的国家，人均水资源量仅为世界人均水平的 1/4，加之水资源时空分布不均，区域上"东多西少，南多北少"，时间上"夏秋多，冬春少"，水资源承载能力不足已经成为制约区域经济可持续发展的主要因素之一。调水工程是实现我国水资源优化配置和开发利用的重要手段，通过长距离调水工程实施跨地区、跨流域的调水，是构建国家水网、实现空间均衡、缓解水资源供需矛盾、促进区域经济协调发展和保护生态环境的重要途径。

确保工程安全是各项生产活动得以开展的基本前提，长距离调水工程在发挥巨大工程效益的同时，其工程安全也面临着严峻的风险形势，不仅需要在建设期克服诸多施工困难，满足可靠度设计要求，更需要在运行期有效地应对复杂运行环境带来的不确定性影响，减少突发事故发生带来的各种损失。在迫切的现实需求驱动下，防范和化解长距离调水工程安全风险事故成为水利工程管理领域的重要研究对象。"十一五"以来，国家科学技术部围绕中线一期工程开展了三十余项关键技术攻关科研课题，其中不乏对工程典型病害监测预警和应急管理方面的研究成果，但早期研究主要面向工程技术层面，对信息化的关注不足。

近些年，各行各业都在发展数字经济，数字化治理成为赋能工程运行管理的主要手段之一，在现有工程运行管理信息化的基础上，探索构建智能化应急管理模式顺应了时代的发展要求。随着"智慧水利"和数字孪生水利工程建设目标的提出和推动，包括调水工程在内的各类水利工程在数字化、网络化、智能化建设等方面都取得了积极进展，不仅为水利工程各项业务的数字化转型和智能化应用提供了良好的基础，也将构建具有"四预"功能的水利工程安全运行管理作为了新的要求和方向。在当今数字化转型时代背景下，探索通过智能化手段对工程运行中各类业务数据进行有效的挖掘分析，研究支撑应急管理关键环节的模型方法，是提升长距离调水工程安全管控能力的重要途径，具有合理性、可行性和机遇性。

本书主要围绕如何运用物联网、大数据、人工智能和虚拟现实等技术提升南水北调中线工程（下文简称中线工程）应急管理水平进行论述。首先，书中详细阐述了这些新兴技术的概念和基本原理，并且对中线工程应急管理的现状和信息化需求进行分析，这有益于读者们理解作者的工作背景。然后，结合作者近些年的研究经历和研究成果，介绍这些新兴技术在中线工程运行维护和应急管理中的落脚点，从而以点带面地展示新一代信息技术在水利工程应急管理中的应用效果和发展前景，以期能够给水利信息化相关从业者带来启发。

本书内容以相关研究成果为主，这些研究得到了横向课题"水利工程智能预警与演练培训研究"、国家自然科学基金项目"数字孪生驱动下城市公共基础设施建造服务化绩效治理机制研究"（72271091）、河南省科学院科技开放合作项目"面向水灾害的应急预案智能生成与增强显示"（220901008）、2022 水利部重大科技项目"基于数字孪生及VR/AR 的洪涝灾害应急抢险关键技术与应用示范"（SKS-2022029）等项目的资助。本书的编写还得到了中国南水北调集团中线有限公司槐先锋、陈晓璐、李建锋等，华北水利水电大学闫新庆、刘扬、杨礼波、李慧敏，以及博士研究生王立虎、卢汉康、王喆，硕士研究生杜江岳、程彭圣男、刘岩、谢歌、施文军、仝晓阳、仵迪、郑佳琪等的帮助和支持。在此对各位的付出表示感谢。

由于作者的水平有限，本书内容如有不当之处，敬请读者批评指正。

作　者

2024 年 8 月于北京

目录

第1章　新一代信息技术介绍

信息无处不在，人类文明的发展依赖对信息管理的精进。以电子计算机广泛应用为标志的信息时代到来，使得人类进入了第三次工业革命——信息技术革命。这一革命涉及交通、新能源、新材料、生物医疗、空间等诸多技术领域，推动着数字化资源管理、信息化生产制造、智能化系统运行等新兴产业的发展，实现以智慧城市、低碳地球等为目标的新时代可持续发展。

信息科学的发展以及信息产业市场规模的扩大促进着信息技术的不断演化。在以云计算、物联网、大数据、虚拟现实、人工智能等技术为标志的新一代信息技术的推动下，水利、医疗、汽车等诸多领域正在步入智能化时代，这不仅推动了行业技术的进步、产业与社会经济的发展，而且深刻地改变了人类的生活方式。

为便于读者更好地了解新一代信息技术的发展脉络，本章先回顾信息与信息技术的基本概念和发展历程，然后再介绍云计算、物联网、大数据、虚拟现实和人工智能等为代表的新一代信息技术的基本原理及应用场景，最后总结并展望新一代信息技术在水利行业的应用。

1.1　信息与信息技术

1.1.1　信息的定义

信息的科学定义源自 20 世纪，哈特莱最早在论文中提出"信息是指有新内容、新知识的消息"。信息论的创始人克劳德·香农认为信息"是用以消除随机不确定性的东西"，并基于此提出了信息量的概念和信息熵的计算方法，可以视为不确定性或选择自由度的度量。在中国，北京邮电大学钟义信教授以经典哲学视角将信息定义为

1

"指事物运动的状态及其变化方式的自我表述"。由此可见，信息无处不在，是构成客观世界的基本要素之一，与人类的生存和发展有着密切的联系。

人们通常所讲的信息，并非指事物本身，而是表征事物或者通过事物发出的消息、情报、指令、数据、信号中所包含的内容。如我们日常所见的图片、文字资料、电磁波、超声波等都是信息。传递信息是人类社会生活的一种普遍行为，在通信中对信息的表达通常分为三个层次：信号、消息和信息。其中信号是消息的物理体现，有声、电、光等不同形式，信号中携带消息，是消息的运载工具。而消息中包含信息，是信息的载体。

信息技术则是指人们利用计算机和现代通信等手段获取、传递、存储、处理、显示信息的技术。信息技术是人类社会工业化发展的必然产物，随着信息技术的引入，原有工作的自动化程度达到了新的水平。信息技术的发展也使得世界变成一个地球村，如今人们能够及时分享社会进步带来的成果，减少地域差别和经济发展造成的差异，这样不仅促进了不同国家、不同民族之间的文化交流与学习，还使文化更加开放和大众化。

1.1.2　信息技术的发展历程

人类信息技术的发展经历了漫长的过程，从人类最初通过肢体、声音、表情等获取信息和传递信息开始，到 20 世纪 60 年代之后电子信息技术的高速发展，信息技术共经历了五次革命：

（1）第一次信息技术革命是语言的产生。人类最早只能通过手势、表情、肢体动作的方式来传达信息，这限制了人类只能在听力和视力允许的范围内模糊地理解对方的意图。后来语言逐渐出现，产生了更为准确的信息表示方法，这是人类信息传递的一次关键技术革命，是人类社会化发展的重要条件。

（2）第二次信息技术革命是文字的创造。文字的出现让信息传递不再受到时间与空间的限制，使得人类在信息的保存和传播方面取得重大突破，从而产生了信息存储技术。

（3）第三次信息技术革命是印刷术的发明。活字排版等印刷技术的出现将信息的记录、存储、传递和使用水平进一步提升，不仅提高了信息传播的效率，也进一步保证了信息传播的可靠性。

（4）第四次信息技术革命是电报、电话、广播、电视的发明。19 世纪，电磁学的发展推动了一系列通信设备的诞生。莫尔斯发明了世界上第一台电报机，使得信息可以实时传送，电话的出现实现了人类远距离实时通话，广播、电视则大幅提高了信息传播的效率。

（5）第五次信息技术革命是计算机、现代通信、微电子、网络和软件技术的综合应用。20 世纪 60 年代以后，电子计算机被广泛应用，并加快了现代通信、微电子、网络和软件技术的出现和发展。正是互联网的兴起使得信息的传递方式产生了根本性的变化，极大地促进了全球资源的共享和协作。信息技术也成为促进社会经济发展的强劲动力，并成为产业转型和升级的关键。各国对信息技术的重视程度不断提升，纷纷加大力度发展和应用信息技术。

信息技术的发展深刻地改变了人们的社会生活和交往方式，互联网和手机的普及使得人们与各种信息形影不离，也推动了社会的数字化转型，当前信息技术的发展模式正向技术驱动与应用驱动相结合的模式转变。伴随着人们对信息日益增长的需求，新的技术不断涌现，如物联网、大数据、云计算、虚拟现实、人工智能等被广泛提及，成为社会发展中的热点。

1.2　新一代信息技术

自从人类迈入 21 世纪以来，全球科技创新进入空前活跃的时期，一轮接着一轮的科技革命和产业变革不断重塑着全球经济结构。伴随着经济活动形式的代际变迁，各类产业呈现出数字化、网络化、全球化、知识化、智能化的五大特征，也正是这五大特征孕育了新一代信息技术的出现。目前，以物联网、大数据、云计算、人工智能等技术为代表的新一代信息技术快速发展，新一代信息技术产业不仅重视信息技术本身和商业模式的创新，而且强调将信息技术渗透、融合到社会和经济发展的各个行业，推动其他行业的技术进步和产业发展。理解这些技术的特征和应用场景，对合理调整企业发展方向和优化业务工作方式至关重要。

1.2.1　物联网、大数据、云计算

1.物联网

互联网的快速发展使人类社会建立了广泛的连接，其发展理念也逐渐渗透到物理世界中。1999 年，MIT Auto-ID 中心联合创始人 Ashton 教授在美国召开的"移动计算

和网络国际会议"首先提出了对物联网（Internet of Things）这一概念的描述，即一种结合物品编码、RFID（Radio Frequency Identification，射频识别）技术和互联网技术的解决方案。他在报告中指出物联网是互联网的延伸和扩展，是比互联网更庞大的网络，构建物联网可以帮助各个领域降低成本、提高安全性、提升自动化程度、提高效率等。

（1）物联网的概念与发展历程。物联网是通过 RFID 装置、红外感应器、全球定位系统（Global Positioning System，GPS）、激光扫描器等信息传感设备，按约定的协议将任意物品与互联网相连接。当每个物品能够被唯一标识后，利用识别、通信和计算等技术，在互联网基础上构建连接各种物品的网络，进行信息交换和通信，以实现智能化识别、定位、追踪、监控和管理的一种网络。

如图 1-1 所示，物联网是一种万物相连的网络。与互联网不同之处在于互联网是建立人与人的连接，而物联网是人与物，以及物与物的连接，通过特定的组网方式，可以进行信息的双向传递。物联网技术能够实现对物体的有效感知，以扩展人类对世界的感知范围，同时也让物体能够根据接收的信息进行响应，产生一定的智能特征。

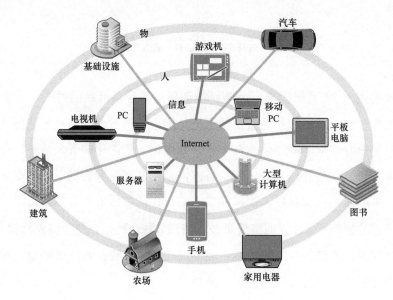

图 1-1　物联网

物联网的发展经历了三个阶段。

第一阶段主要面向物联网终端的大规模接入。随着移动通信技术的快速发展，越来越多的终端通过移动网络、Wi-Fi、蓝牙、RFID 等技术连接入网。网络基础设施建设、连接建设及管理、终端智能化是在这一阶段的核心工作。

第二阶段主要面向海量数据的分析处理。大量连接入网的设备状态被感知，产生海量数据，形成了物联网大数据。在这一阶段，传感器、计量器等感知器件进一步智能化，各类数据被采集后汇集到云平台进行存储、分类处理和分析。

第三阶段主要面向商业智能的实现。在对物联网数据的智能分析基础上，构建物联网行业应用及服务将体现出核心价值。该阶段企业对传感数据进行分析，并利用分析过程和结果构建解决方案实现商业变现，使物联网发挥出最大价值。

（2）物联网的关键技术。物联网的层次结构一般分为三层，自下而上包括感知层、网络层和应用层。感知层实现对物理世界的智能识别、信息采集处理和自动控制，并通过通信模块将物理实体连接到网络层和应用层；网络层主要实现信息的传递、路由和控制，包括延伸网、接入网和核心网，网络层可以依托公众电信网和互联网，也可以依托行业专用通信网络；应用层包括应用基础设施、中间件，以及各种物联网应用，基础设施和中间件应用为物联网提供信息处理、计算等通用能力及资源调用接口，以此为基础构建众多领域业务中的物联网应用。

1）物联网感知层的关键技术主要包括 RFID 技术、传感器技术、标识和解析技术等。

①RFID 技术。RFID 技术即射频识别技术，又称电子标签，是自动识别技术的一种。该技术通过射频识别信号识别对象信息并获取相关数据，不仅可以识别高速运动的物体，而且可以同时识别多个标签，操作方便快捷。

②传感器技术。传感器是一种能够感知被测指标并按照一定方法转化为可用信号的检测装置，该装置由敏感元件、转换元件和计算存储芯片组成，可以满足信息的传输、处理、存储、显示等要求。

③标识和解析技术。标识和解析技术是一种赋予物理、通信和应用实体特定属性，并实现准确解析的技术，该技术涉及各种标识体系、不同体系间的互操作、全球或区域范围内的解析等。

2）物联网网络层的关键技术主要包括 ZigBee 技术、Wi-Fi 技术、NB-IoT 技术等。

①ZigBee 技术。ZigBee 是一种近距离、低功耗、低速率、低成本、低时延的双向无线通信技术，可以用于局部网络的自适应组网和远程控制，ZigBee 网络主要由调节器、路由器和终端设备组成。

②Wi-Fi 技术。Wi-Fi 是一种可以将计算机、手持设备等终端以无线的方式相互连接起来的无线网络通信技术，该技术具有覆盖范围很广、传播速度快、使用门槛低的

特点。

③NB-IoT（Narrow Band Internet of Things，NB-IoT）是 IoT 领域基于蜂窝的窄带物联网的技术，是一种低功耗广域网。NB-IOT 使用 License 频段，可直接部署于 GSM 网络、UMTS 网络或 LTE 网络中，具有广覆盖、低功耗、低成本、连接数量多等特点。

3）物联网应用层涉及大量的信息处理和服务技术，不仅包括常规的软件、算法、嵌入式开发等技术，还显著推动了大数据、云计算、人工智能等新型技术的发展，后文对这些技术进行详细描述。

（3）物联网的特征与应用场景。一般认为，物联网具有以下三大特征：

1）全面感知。物联网能够利用 RFID、传感器、二维码等方式随时随地获取、采集物体的信息。

2）可靠传递。通过无线网络与互联网的融合，物联网可以将物体的信息实时准确地传递给用户。

3）智能处理。物联网场景下常需要使用边缘计算、数据挖掘以及模糊识别等技术，用于对海量数据进行分析处理，并进一步对物体实施智能化的控制。

这些特征使得物联网作为一种基础设施具有广阔的应用场景，对人类的生活和生产方式产生了巨大的影响，并为社会的创新、变革和现代化提供了重要支持。在农业领域，物联网可以应用于农作物管理、农产品加工和销售等方面，打造信息化的农业产业链，推动农业现代化的发展；在工业领域，物联网的应用可以优化产业布局，提升智能制造水平，实现柔性制造、绿色制造和智能制造，推动工业转型升级；在服务业领域，物联网的助力可以促进服务产品、服务模式和产业形态的创新和现代化，推动服务业的发展和升级；此外，物联网的应用可以推动基础设施的智能化升级，实现资源的科学利用和管理，提升公共服务水平，提高人民生活质量。

2．大数据

物联网的发展带动了数据量、数据类型和复杂度的增长，人类步入了大数据时代，传统的数据管理和分析处理工具渐渐不能满足实际业务所需，于是大数据技术应运而生。

（1）大数据的概念与发展历程。麦肯锡曾这样描述大数据时代："数据渗透到每一个行业和业务职能领域，成为重要的生产要素。人们对于海量数据的挖掘和运用，带动了新一波生产率增长和消费者盈余浪潮的到来。"

在科技术语中，大数据（Big Data）是指无法在一定时间范围内用常规软件工具进行获取、管理和处理的数据集合，是需要用新的处理模式才能产生更强的决策力、洞察发现力和流程优化能力的海量、高增长率和多样化的数据资产。

时至今日，大数据的发展大致经历了三个阶段。

第一阶段是大数据的萌芽阶段。20 世纪 90 年代，SGI 首席科学家 John Masey 在 USENIX 大会上提出"大数据"的概念，他所发表的论文《Big Data and the Next Wave of InfraStress》描述了未来数据大爆发的构想，以及对数据采集、存储、分析挖掘等工作带来的挑战。

第二阶段是大数据的发展阶段。20 世纪末到 21 世纪初期，大数据引起学术界研究者的广泛关注，并对其相关定义、内涵和特性进行了丰富。其中，Google 在 2003 年至 2006 年期间发布的三篇技术论文提出 GFS、Map Reduce、Big Table 对大数据的发展起到了重要的作用。随后的 2006 年至 2009 年期间，大数据技术逐渐形成了并行运算和分布式系统。2009 年，Jeff Dean 基于 Big Table 开发出了 Spanner 数据库。与此同时，数据挖掘理论和数据库技术的不断成熟，一些商业智能工具和知识管理技术开始被应用。

第三阶段是大数据的成熟阶段。2011 年至今，研究学者对大数据的认识不仅停留在技术概念这一维度，而是进一步丰富了信息资产与产业变革等多个维度。一些国家、社会组织和企业开始将大数据视为重要战略。学术界和企业界纷纷将大数据研究从学术问题扩展到应用实践，大数据开始渗透到商业、医疗、政府、教育、经济、交通、物流等社会的各个领域中。

（2）大数据的关键技术。大数据技术是对大数据进行采集、存储、分析和应用的相关技术，这些技术使用非常规的工具来对大量的结构化、半结构化和非结构化数据进行处理，从而获得分析和预测结果。维克托在《大数据时代》一书中指出，这种创新的运营模式源于数据核心原理、数据价值原理以及全样本原理。其中，数据核心原理强调数据需要被看作是整个流程的核心和基础，即从以往的流程核心转变为现在的数据核心；数据价值原理强调数据本身的价值，即从以往功能价值转变为数据价值；全样本原理强调需要处理和分析全部数据样本，即从抽样数据分析转变为全体样本分析。

大数据的基本流程主要包括数据采集、存储、分析和结果呈现等环节。此外，由于数据资产的重要性，在整个数据处理的过程中，还必须注意隐私保护和数据安全问题。为能够有效地实现和保障这些处理流程，催生了一系列的关键技术。

1）数据采集与处理。利用 ETL（Extract-Transform-Load）工具将广泛分布的异构数据源中的数据，如关系数据、文档数据等，抽取到临时中间层后进行清洗、转换、集成，最后加载到数据仓库或数据集中。过程中常会用到 Flume、Kafka 等日志采集工具将实时采集的数据作为流计算系统的输入，进行实时处理分析。

2）数据存储和管理。利用分布式文件系统、数据仓库、关系型数据库、非关系型数据库、云存储等技术，实现对结构化、半结构化和非结构化海量数据的存储和管理。

3）数据处理与分析。利用分布式并行编程模式和计算框架，结合数据挖掘方法来开发核心算法和系统，实现对海量数据的处理分析，对分析结果进行可视化呈现，帮助人们更好地理解数据、得出结论。

4）数据安全和隐私保护。从大数据中挖掘潜在的巨大商业价值和学术价值的同时，构建隐私数据保护体系和数据安全体系，有效保护个人隐私和数据安全。这涉及数据加密、安全审计、数据去标识化、访问控制、加密计算等技术。

（3）大数据的特征与应用场景。IBM 提出了经典的大数据"5V"特征，这些特征包括：大量（Volume）、高速（Velocity）、多样（Variety）、低价值密度（Value）、真实（Veracity），如图 1-2 所示。

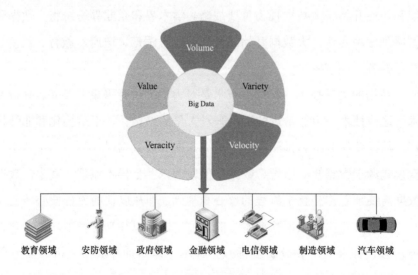

图 1-2　大数据

"大量"是大数据最直观的特征。大数据通常以 TB（万亿字节）、PB（千万亿字节）、EB（百亿亿字节）乃至更高量级的数据来表示，远远超过了传统数据处理的规模。

"高速"强调数据生成和处理的速度极高。近些年互联网等各类来源的数据以指数级增长，很多应用都需要基于快速生成的数据给出实时分析结果，用于指导生产和实践活动，这就要求系统能够实时或接近实时地处理这些数据流。

"多样"是指数据类型繁多。大数据的来源众多使得数据的类型非常丰富，包括结构化数据、半结构化数据和非结构化数据。结构化数据主要是指存储在关系型数据库中的数据，后面两种是指没有绝对固定的描述方式的数据，如博客、学术文献、图片等数据。从数据量来说，非结构化数据占据了主导地位。

"低价值密度"是大数据在应用上的典型特征。虽然大数据集合庞大，但其中包含的有用信息或知识可能相对较少，即信号与噪声的比例较低。这要求构建高效的数据分析方法来提炼出有价值的信息。

"真实"是大数据分析处理的关键特征。在上述特征的影响下，实际使用的数据往往存在噪声、不一致性或错误的现象，因此，确保数据的真实性和可靠性是得到合理结论的关键挑战之一。

经过近些年的发展，大数据技术给人们的生产生活带来了翻天覆地的变化，在各行各业中都能看到大数据的影子。大数据技术广泛应用于零售行业，一方面可以通过了解客户消费喜好进行精准销售，另一方面可以为客户提供潜在感兴趣的商品提升销售额；大数据有力推动了金融行业的发展，通过数据分析技术挖掘交易数据背后的商业价值，可以提升保险、基金等产品的精算水平，提高收益和利润；医疗行业通过构建大数据平台将大量病例、病理报告、治愈方案、药物报告等进行收集，帮助医生进行疾病诊断，辅助医生提出治疗方案，造福人类健康；大数据应用于教育可以根据学生的兴趣爱好推送相关领域的资讯、知识及未来的职业发展方向；大数据助力环境行业提升天气预报的准确性和时效性，辅助评估自然灾害的波及范围和损失程度，极大地提高人们应对自然灾害的能力。

3．云计算

21世纪初期，以电商、搜索、即时通信为代表的Web 2.0让互联网迎来了发展高峰。各类网站或者业务系统所需要处理的业务量快速增长，使得信息系统将承受更多的负载，且负载的到来难以预估。随着对服务计算能力、资源利用率、资源集中化的迫切需求，云计算应运而生。

（1）云计算的概念与发展历程。云计算是一种无处不在、按需服务、共享、可配置的计算资源，涉及网络、服务器、存储、应用等，它能够通过最少量的管理和服务提供商的互动实现计算资源的迅速供给和释放。在典型的云计算模式中，用户通过终端接入网络，向"云"提出请求，"云"接受请求后寻找、组织资源，通过网络为终端提供服务。

提供计算服务的网络之所以被称为"云"，是由于在某些方面具有现实中云的特征。云在空中的位置飘忽不定，边界模糊但又一直存在。用户不需要搞清楚计算所必需的硬件和软件，但可以随时获取云计算服务。同时，云群的组织方式灵活，云朵的大小可以动态伸缩。类似地，云计算资源可以按需取用、随时扩展、按使用量付费。

云计算最初的设想来自约翰·麦卡锡在麻省理工学院一百周年纪念典礼上第一次提出"Utility Computing"的概念，其构想计算能像生活中的水、电、煤气等成为一种公共资源，被作为生活必需品使用。

在 21 世纪的 Web 2.0 时代，一些大型互联网公司开始致力于开发提供大型算力的技术。2006 年，谷歌时任 CEO 埃里克·施密特首次命名并阐述"云计算"的概念，此后相关产品和服务开始出现，云计算进入起步阶段。

2010 年，NASA 发起了 Open Stack 开源项目，云计算形成以 Open Stack 及云原生为核心的技术体系，云计算进入发展时期。

2015 以后，云计算进入应用期，在金融、交通、水利等传统行业广泛应用。特别是在 2020 年，全球新冠疫情的爆发导致远程办公和在线业务需求急剧增加，云计算技术对复工复产和全球经济增长注入了巨大动力。

（2）云计算的关键技术。云计算技术可以用较低的成本把普通的服务器或者个人计算机连接起来，以获得高性能和高可用性计算机的功能。云计算供应商通过对支撑应用程序的不同中间件进行虚拟化和管理，对外提供各类服务，包括基础设施即服务（Infrastructure as a Service，IaaS）、平台即服务（Platform as a Service，PaaS）、软件即服务（Software as a Service，SaaS）。此外，不论服务的发布方式或者是执行服务的系统架构如何，运营商都可以轻松地将服务部署在云端，使用者不需要了解服务器在哪里以及内部如何运作。这使得企业能够根据应用的动态需求，将计算资源调整到不同的应用上。云计算的体系结构如图 1-3 所示。

云计算是一种以数据和处理能力为中心的密集型计算模式，融合了多种信息通信技术，包括虚拟化技术、分布式数据存储技术、资源调度管理技术、编程模型、信息安全等，其中以虚拟化技术最为关键。

在计算机技术中，虚拟化是将计算机的物理资源（如服务器、网络、内存及存储等）予以抽象、转换后呈现出来，使用户具有比原先更好的组合方式来应用这些资源。这些资源的重组不受现有资源的指令架构、设备厂商和所在地域限制，其虚拟化实现方式可以分为两种：原生虚拟化和寄宿虚拟化，如图1-4所示。

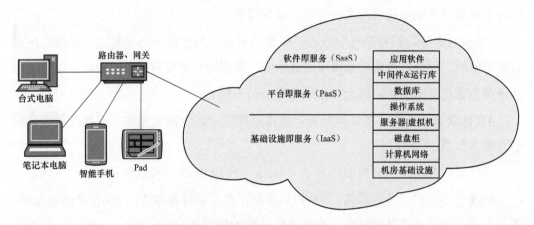

图1-3　云计算的体系结构

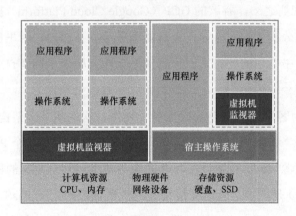

图1-4　服务器虚拟化类型

原生虚拟化也称 I 型虚拟化。在原生虚拟化中，直接运行在硬件之上的不是宿主操作系统，而是虚拟化平台。虚拟机运行在虚拟化平台上，由虚拟机监视器（Hypervisor）进行管理，分配和利用由各个虚拟机使用的硬件资源。

寄宿虚拟化也称 II 型虚拟化，虚拟机监视器是运行在宿主操作系统之上的应用程序，利用宿主操作系统的功能实现对硬件资源的抽象和虚拟机的管理。

（3）云计算的特征与应用场景。云计算的商业化不仅使得个人可以轻易地获取计算资源，越来越多的企业也将自己的应用部署在云平台之上，以减少硬件资源购买成本和管控压力。云计算的基本特征包括：

1）资源池化。各类硬件资源以共享资源池的方式统一管理，并能将资源分享给不同用户。

3）泛在接入。即随时随地使用，用户可以利用各种终端设备如 PC、笔记本电脑、智能手机等随时随地通过互联网访问云计算服务。

2）按需服务。即自助式服务，以服务的形式为用户提供基础算力、存储、应用程序等资源。同时，服务的规模可快速伸缩，根据用户需求自动分配资源，以自动适应业务负载的动态变化，而无须系统管理员的干预。

4）计费服务。即可度量的服务，通过监控用户的资源使用量，根据使用的情况进行服务计费。

云计算的典型应用分为 IaaS 平台、PaaS 平台和 SaaS 平台三种模式。

IaaS 平台提供云基础设施，企业可以借助平台申请计算能力、存储以及其他服务，帮助企业获得全球性基础设施。亚马逊公司的 AWS（Amazon Web Services）是世界上最大的 IaaS 供应商之一，谷歌的 GCP（Google Cloud Platform）提供了更高级别的服务，如大数据的分析处理服务、人工智能服务等。在国内，阿里巴巴集团的阿里云首创了"以数据为中心"的分布式云计算体系架构，构建了拥有自主知识产权的云计算平台，致力于为企业提供安全、可靠的计算和数据处理能力。

PaaS 平台可为客户提供完整的云平台（硬件、软件和基础架构），用于开发、运行和管理应用程序。谷歌的 GAE（Google App Engine）就是一个 PaaS 平台，用户只需要上传应用程序源代码，就可以在谷歌的服务器上运行自定义的程序。百度的 BAE（Baidu App Engine）是国内运营时间最久且用户群体最庞大的 PaaS 平台，该平台会根据用户代码和脚本，自动完成环境配置、应用部署、资源监控等各项工作，极大简化用户的部署运维工作。

SaaS 平台是将软件作为服务提供给客户，客户可以通过互联网访问和使用软件，而无须安装和维护软件本身。用友是全球企业级应用软件供应商，其 ERP SaaS 排名亚太厂商首位，相对于传统 ERP 软件，该服务通过"模板+零代码搭建"的模式，可以实现个性化的 ERP 软件定制。金蝶是全球领先的财务软件供应商，金蝶的 SaaS 平台推出了财务云、税务云、进销存云、零售云、订货商城等 SaaS 服务，为大中小各类企业提供财务管理解决方案。

4．物联网、大数据、云计算三者之间的关系

物联网、大数据、云计算三者既有区别又有联系。

三者的区别主要体现在目标和作用上。物联网关注的对象是物理设备和连接设备，其目标是实现信息的连接和传输，作用在于使信息更易获取并产生衍生价值；大数据关注的是数据本身，其目标是挖掘数据的有效信息，获取数字资产本身的内在价值；云计算的关注对象的是网络资源和系统应用，目标是实现计算、网络、存储资源的灵活有效管理，价值在于节省成本和提升资源利用效率。

三者之间的联系在于都围绕海量数据处理建立与现实世界对应的数字世界。其中，物联网的设备数据是海量数据的主要来源，实现对现实世界的实时感知；大数据技术为挖掘数据价值提供算法和工具基础，分布式并行处理框架实现了对海量数据的分析能力；云计算的分布式数据存储和管理系统提供了对海量数据的管理能力。

因此，从整体来看，物联网、大数据和云计算三者相辅相成，相互渗透、融合、促进和影响。物联网不仅为大数据应用场景提供数据来源，也为云计算提供基础设施层的设备和服务控制；大数据为云计算提供数据分析处理和决策能力；云计算和大数据技术相结合，从而更好地实现物联网的数据存储、分析、整合、处理及挖掘水平。

1.2.2　虚拟现实

1. 虚拟现实的概念与发展历程

虚拟现实（Virtual Reality，VR）是一种通过计算机模拟生成三维虚拟场景，利用视觉、听觉以及触觉等感官模拟，使用户沉浸其中的技术。虚拟现实技术集成了计算机图形、仿真、人工智能、传感器、显示及网络等多领域的研究成果，该系统一般是由计算机、空间感知系统、人体数据捕捉系统等输入、输出设备组成，其核心在于构建的虚拟场景尽可能真实，提高用户的沉浸感。

虚拟现实技术的雏形可追溯至 19 世纪英国物理学家查尔斯·惠斯通，他通过研究发现了立体图原理，并据此发明了一种由棱镜和镜子组合可呈现立体影像的器材，为后来的三维成像技术发展提供了理论依据。

20 世纪，一些工程师开始对于构建虚拟世界的探索。1929 年，埃德温·林克发明了世界上第一个飞行模拟器，并于 1936 年发售最早的商业化模拟装置，对飞行员训练领域产生了深远影响。1956 年，摄影师莫顿·海林发明了 Sensorama 仿真模拟器，作为首个能够通过 3D 显示、立体声、振动座椅、气味生成等技术为用户提供多感官沉浸体验的设备，被誉为 VR 原型机。

1968 年，计算机图形学之父伊凡·萨瑟兰设计了世界上第一款头戴式虚拟现实设备，它能够根据用户的头部移动实时更新虚拟世界的视角，标志着虚拟现实技术进入了新阶段。1984年，贾伦·拉尼尔创立了VPL Research公司，首次提出"Virtual Reality"这一术语，并于1989年开始推出商业化虚拟现实产品，推动了虚拟现实设备的商用化，他本人也被誉为虚拟现实之父。

进入21世纪后，随着计算能力、图形处理技术和传感器技术的不断进步，虚拟现实技术实现了巨大的飞跃。特别是2012年，美国Oculus公司推出了Rift头戴式设备，明显提升了终端的显示和交互体验，标志着现代VR设备的商业化时代正式开启。随后，各类VR头显和外设公司迅速成立，推动了虚拟现实全球市场的大发展。

2. 虚拟现实的关键技术

（1）三维建模技术。三维建模技术是对实际对象或环境的虚拟，主要以形状和外观的仿真为核心。该技术运用一定的数学方法对物体几何信息的表示和处理，构建三维表示模型。物体的几何形态由一系列的多边形组成，三角形为主要图元，物体表面的纹理、材质、颜色、光照等特性均被专门定义，并附着在对应的几何图形上。

（2）渲染技术。渲染是将三维模型表示的空间、人物、建筑等内容转变为二维图像的技术。尽管渲染技术在家装设计、景观设计、电影动画等领域广泛应用，但这些领域的静态渲染方法无法满足虚拟现实对渲染速度和时延的要求，因此更依赖实时渲染技术的发展。未来的渲染技术可能与云计算和人工智能深度结合，推动云渲染、注视点渲染和人工智能渲染等前沿技术的突破。

（3）虚拟仿真技术。虚拟仿真技术是通过计算机模拟真实世界的运动规律和行为过程，该方向是计算图形学、物理仿真、人工智能等多学科交叉的研究领域。虚拟仿真技术通过构建创建高度复杂的虚拟环境，模拟现实中难以实现或危险的场景，能够使用户安全、有效地在进行学习和培训，降低成本和风险。

（4）人机交互技术。人机交互技术是指通过传感器、控制器、摄像头等硬件设备，以及图像处理、动作捕捉、语音识别等软件技术，来捕捉用户的动作、语言、眼睛运动等行为，并将这些信息实时反馈到虚拟环境中，使用户可以与虚拟环境中的物体、角色和场景进行交互，旨在提升虚拟系统的沉浸感。常见人机交互技术包括手势识别、面部表情识别、眼动跟踪等功能。

3. 虚拟现实的特征与应用场景

一般认为，虚拟现实技术具有以下三大特征：

（1）沉浸性。虚拟现实利用计算机生成的三维场景，通过视觉、听觉和触觉等多种感官途径获得全面的体验，使用户如同置身于真实世界中。

（2）交互性。用户通过 VR 头盔、手套等传感设备与虚拟场景进行交互，如同在客观世界中操作一样。

（3）想象性。虚拟场景可以激发用户的想象力和创造力，其在虚拟环境获得的想法和灵感可以用来指导现实世界的行为决策。

正是虚拟现实技术的沉浸性、交互性和想象性独特优势，在各行各业中拥有广泛的应用前景。在市场营销领域，虚拟现实技术为企业提供一个全方位展示商品的平台，帮助客户更便捷和直观地了解产品；在教育领域，虚拟现实技术可以将各种复杂、抽象的知识具象化，小到原子和分子的结构、大到机械运动过程的模拟等，帮助学生更深入理解这些知识；在医学领域，虚拟现实技术可以构建虚拟人体模型，帮助医学生了解人体内部结构和器官，也进行虚拟手术培训等；在建筑设计领域，虚拟现实技术能够将设计与修改方案直观呈现出来；在能源、石油、矿业等工业领域，虚拟现实技术可用于员工的安全培训和模拟演练；此外，虚拟现实技术也可以应用于文物遗产的保护，实现文物的数字化保存与展示。

1.2.3　人工智能

1. 人工智能的概念与发展历程

人工智能，简单地说就是由人制造的机器所表现出来的智能，这是一门涉及心理学、仿生学、计算机、控制论、数学等多个学科相互融合发展的交叉学科，是一种模拟人类智慧的技术。人工智能研究的核心是通过不断优化算法、增加数据量以及提高计算速度等手段来实现更接近人类智能感知与推理的系统。

根据研究者对于"智能"理解的不同，一般分为三大学派：

（1）符号主义。主要内容是关于符号计算、演算和逻辑推理，用演算和推理的办法来进行证明。

（2）连接主义。又称为仿生学派或生理学派，其主要原理为神经网络及神经网络间的连接机制与学习算法。

（3）行为主义。源于控制论，认为智能产生于主体与环境的交互，而机器具有自适应、自组织、自学习功能是由系统的输入输出和反馈所决定的。

自 1956 年达特茅斯会议上首次提出"人工智能"这一概念以来，人工智能的研究与发展经历了三个重要的阶段：

第一阶段（1956—1974）是人工智能研究的萌芽阶段，形成了以符号主义为代表的学派，主要围绕推理和专家系统展开。推理是指根据已知条件推导出未知结论的过程，专家系统是一种基于规则的人工智能系统，它能够利用专家的知识解决某个领域内的问题。由于这一方向面临数据稀疏性和模式识别的挑战，随即陷入了 AI 发展的寒冬。

第二阶段（1980—1987）随着计算机技术的快速发展和数据量的增加，人工智能开始迎来发展机遇，机器学习算法开始在语音识别、图像识别等领域取得了突破性进展。这个时期的 AI 研究主要集中在统计学习和连接主义领域，代表性成果有反向传播算法和 BP 神经网络等。

第三阶段（1993 年以后）随着互联网的普及和计算机性能的提高，人工智能的发展迎来了新的高潮。特别是深度学习、强化学习等技术的发展，人工智能在语音助手、自然语言处理、计算机视觉等领域的应用提供了强大的支持。

2．人工智能的关键技术

人工智能的关键技术包括数据挖掘、机器学习、深度学习、知识工程、自然语言处理、计算机视觉等，如图 1-5 所示。

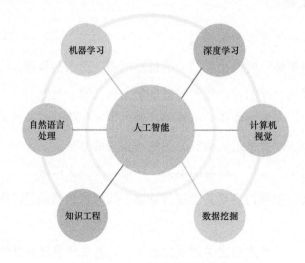

图 1-5　人工智能的关键技术

（1）数据挖掘。数据挖掘该技术是对大规模数据进行自动或半自动的分析，以提取过去未知的有价值的潜在信息，例如数据的分组（通过聚类分析）、数据的异常记录（通过异常检测）和数据之间的关系（通过关联式规则挖掘）。数据挖掘技术可以揭示数据背后的潜在模式与关系，从而为决策提供有力支持。

（2）机器学习。机器学习是一门涵盖概率论、统计学、近似理论以及复杂算法知识的多学科交叉专业，研究利用计算机模拟人的学习能力，即从样本数据中得到知识、经验并用于实际推断和决策的过程。

（3）深度学习。深度学习是机器学习技术的演进，采用多层神经网络（称为深度神经网络）来模拟人脑的复杂决策能力，实现对资料进行表征学习。与传统机器学习相比，深度学习具有自适应特征提取、高维数据处理和性能规模效应的优势，因而成为现代人工智能的基石。

（4）知识工程。知识工程是人工智能在知识信息处理方面的发展，研究如何利用计算机表示知识，并进行问题的自动求解。知识工程的基本过程包括知识获取、知识表示、知识推理、知识验证等。

（5）自然语言处理。自然语言处理是计算机科学与人工智能领域的一个重要学科，通过语言学与数学、计算机科学等理论技术的融合，研究人与计算机之间如何用自然语言进行有效的理解和交流的各种理论和方法。

（6）计算机视觉。计算机视觉是通过摄像设备和计算机代替人眼对目标进行识别、跟踪、测量和决策判断，并进一步进行图像处理，使计算机生成的信息更加易于理解和观察，在智能安防、自动驾驶汽车、医疗保健、生产制造等领域具有重要的应用价值。

3．人工智能的技术特征与应用场景

人工智能的技术特征包括：

（1）人工智能是由人类设计、为人类服务的，其本质为计算，基础为数据；

（2）人工智能能感知环境，产生反应，能与人交互、与人互补；

（3）人工智能有适应性，有学习能力，有演化迭代，有连续扩展。

当前，人工智能领域的科技飞速发展，以"人工智能+"为代表的业务创新模式日趋成熟，数字化转型和智能化建设被列入各个国家的发展战略，这将极大地推动社会生产力发展，并对现有的产业结构产生深远的影响。

在汽车行业，人工智能为自动驾驶技术的发展注入了强大的动力。通过在车辆中装备智能软件及多种感知设备，如车载传感器、雷达、全球定位系统（GPS）以及摄像头等，人工智能可以获取道路、车辆位置及障碍物等关键信息，以便精确控制车辆的转向与速度，实现车辆的自主安全驾驶。自动驾驶技术的成功将从根本上改变传统的闭环控制方式，不仅能显著提高高速公路行驶的安全性，还能有效缓解交通拥堵问题，进而大幅提升整体交通系统的运行效率与安全性。

在医疗领域，人工智能的应用场景涵盖了医学影像分析、辅助诊疗、新药研发、医院管理以及营养管理等方面。通过学习和模拟专家的医学知识，人工智能能够辅助医生进行诊断，并进一步模拟医生在病症判断中的思维逻辑与决策推理，最终为患者提供可靠的诊断结果和治疗方案。

1.3 新一代信息技术赋能水利行业

我国水利信息化起步相比于国外较晚。20 世纪 70 年代以后，在多个国家"五年计划"的助力下，我国水利信息化得到了跨越式的发展，取得了诸多突破性成果。

20 世纪 70 年代，我国的水利信息化主要集中在利用计算机技术对水情数据进行简单的统计汇总操作，水利信息化涉及范围单一，效率不高。

20 世纪 80 年代，水利信息化业务主要集中在对各种水利数据的收集、整编和处理。与 70 年代相比，数据处理技术、执行效率有了一定程度的提高，但标准化程度低、整体联动机制尚未形成。

20 世纪 90 年代，"九五"期间重大项目"金水工程"立项和实施，推动了我国水利基础数据从源头到终端用户信息链的建立，我国水利信息化步入了互联网时代。

21 世纪以来，伴随着物联网、大数据、云计算等先进技术的应用，我国水利信息化沿着数字化、网络化、智能化的脉络，朝着实现智慧水利的目标逐步前进。"数字黄河"项目前瞻性地提出了流域数字化的概念；防汛抗旱指挥系统的建设实现了水利部网络中心和流域、省（区、市）之间互联的水利信息网；数字孪生水利建设推动了智能模型在流域和水利工程管理中的应用，如洪水预报、跨流域调水等。

1.3.1 数字黄河

1．建设背景

长期以来，黄河的生态环境基础差、资源环境承载能力弱，针对黄河流域存在的生态问题、洪水风险、水资源短缺等问题，2001 年 6 月，时任水利部部长的汪恕诚对新世纪黄河治理开发提出了"堤防不决口、河道不断流、水质不超标、河床不抬高"的"四不"目标。充分利用新一代信息技术是推动治黄事业改革发展的重要途径，通过黄河数字化建设推动治黄信息化提档升级，从而提升黄河治理保护的科学化、精准化，引领黄河治理体系和治理能力现代化。

2001年7月，时任黄委主任李国英提出建设"三条黄河"，即"原型黄河""数字黄河""模型黄河"，通过全球定位系统、地理信息系统、卫星遥感等现代化的高科技手段采集信息，通过光纤、微波、卫星等先进的传输手段实现信息的快速传递，对黄河流域及其相关地区的自然、经济、社会等要素构建一体化的数字集成平台和虚拟环境，实现以功能强大的数学模型和计算机应用软件系统对"原型黄河"各种可能的开发方案进行数学模拟，并以可视化的表现结果提供决策支持，从而形成完备的"数字黄河"与"模型黄河"，将黄河"装进实验室"，争取达到为"原型黄河"的治理开发提供最优解的最终目标。

2．建设内容

时任黄委主任李国英提出了"数字黄河"工程建设"三步走"发展战略，强调必须将黄河自然系统、经济社会系统、流域生态系统作为一个有机整体，建设"自然—经济—生态耦合系统"，以提高流域综合管理和决策的前瞻性、科学性与系统性。

2001—2007年为第一阶段，主要工作内容包括：建成专业通信网络和计算机网络系统；建成黄河高性能计算平台，初步形成专业数学模型的研发和应用；利用遥感、视频等新型监测技术升级水文监测网络，提高水土保持和河防工程的监测感知能力。这些技术的升级极大地增强了对黄河流域动态变化的实时监控和响应能力，初步建成六大核心业务应用系统，初步建立三维视景系统为支撑的黄河下游虚拟对照体原型框架。

2008—2012年为第二阶段，并行推进黄河的数学模拟系统和重点项目。在这一阶段陆续建设了大量的数学模型，以实现对黄河流域的可视化模拟，并编制了《黄河数学模拟系统建设规划》；黄河遥感中心充分发挥作用并编制了《黄河遥感应用技术规划》，广泛应用各类遥感技术来覆盖黄河防汛、水资源管理、水行政执法、水土保持、水利工程管理等业务。

2013—2019年为第三阶段，着力孵化"数字黄河"工程转型。主要进展包括：颁布了《黄河水利信息化发展战略》，提出将"数字黄河"向"智慧黄河"推进，并将"水沙情势可感知，资源配置可模拟，工程运行可掌控，调度指挥可协同"作为标志；实施完成水利部黄河水利委员会（简称黄委会）国家水资源监控、黄委会综合管理信息资源整合与共享项目，建成"黄河一张图"；搭建黄河视联网，增强黄河数据中心的云计算服务和大数据治理能力；形成"端—边—云"的移动化、智能化的治黄业务应用与信息服务部署体系，提升网络信息安全保障能力。

3．建设成效

黄委会通过开展以"数字黄河"工程为主体的信息化建设，基本实现了治黄信息资源的整合共享，建成的 6 大业务应用系统大大提高了黄河防汛减灾、水量调度和水资源优化配置、水资源保护、水土保持生态环境监测、水利工程建设与管理等方面的现代化水平，提高了各类突发事件的应急处理能力，增强了决策的科学性和时效性。

（1）通过实施"数字黄河"工程，打破了单位和部门界限，将丰富的基础数据和数据库进行统一规划和整合，实现了数据资源的共享，避免了资源的重复开发和浪费。

（2）水资源监测与保护系统改变了原来水质数据采集、数据资料处理的落后方式，实现了水质污染的有效监视，为水污染突发事件的处理提供了强有力的决策支持。

（3）利用遥测、遥感等高新技术改造了传统信息采集、传输的手段，开发的水土保持生态环境监测系统，对全流域，特别是黄河中游多沙区水土流失开展了快速调查和动态监测，使得监测手段和监测结果精度比传统方法有了大幅度提高，为水土保持规划、设计、监督和管理等业务提供了有力支持。

（4）提高了计算机计算速度和模型模拟的精度，建成的防洪预报调度与管理耦合系统缩短了制定洪水预报方案和防洪调度方案所需时间，为防洪抢险决策的时效性和准确性提供了有力支持。

（5）构建的黄河下游枯水调度模型，为优化水资源配置、实施水量精细调度提供了可靠依据。使水资源分配更趋合理，有效地节约了黄河水量，提高了黄河水量调度精度和时效性，对保障黄河下游沿黄用水安全和确保黄河不断流起到至关重要的作用。

（6）在水利工程建设与管理方面，实现了工程安全实时在线监测，可以及时了解跟踪水利工程的安全状态、发现工程存在的各种隐患，为除险加固和防汛抢险提供重要的决策依据。

"数字黄河"工程高度刻画了以综合集成的方式利用工程信息、水文、地理和环境等多学科的理论与技术对黄河流域治水管水进行三维模拟和计算机分析，从空间地理的视角奠定了黄河流域数字化的方向和目标。"数字黄河"的实施和建设为提升黄河保护治理现代化水平、推动智慧黄河建设、实现业务数字化转型等方面打下了良好基础。随着计算机技术的不断进步和应用的不断深入，在"数字黄河"的基础上，运用物联网、大数据、云计算等新一代信息技术，进一步完善"数字黄河"监测和模拟体系，大力推进"数字孪生黄河"建设，强化"模型黄河"建设和运用，可以为黄河流域生态保护和高质量发展提供有力支撑和强力驱动。

1.3.2　国家防汛抗旱指挥系统

1．建设背景

中华人民共和国成立以来，我国政府一直致力于预防水旱灾害，投入了大量的人力物力进行江河整治，修建了大量的水利工程。为更加有效地发挥这些工程的防洪抗旱能力，充分采用现代信息技术加强防洪抗旱非工程措施的建设，对于应对和管理突发性水旱灾害，确保人民生命财产安全和社会稳定，提高防汛抗旱指挥决策的科学性是十分必要的。1995年水利部开展国家防汛抗旱指挥系统的前期工作，目标是建成一个以水、雨、工、旱、灾情信息采集系统和雷达测雨系统为基础、通信系统为保障、计算机网络系统为依托、决策支持系统为核心的系统，提升我国水利信息化水平，旨在实现防汛抗旱工作的科学化、精确化和智能化管理。

2．建设内容

国家防汛抗旱指挥系统工程是我国水利系统历时最长、影响最广、发挥作用最大的水利信息化项目，分一期、二期进行。2005年6月—2011年1月，国家防汛抗旱指挥系统一期工程建设实施，建设内容包括信息采集系统、通信系统、计算机网络系统、决策支持系统等。

（1）信息采集系统方面。完成了覆盖7个流域机构、15个重点防洪省、125个水情分中心所辖1884个中央报汛站的水文测验和报汛设施的设备建设和更新改造；在黄委河南局、湖南岳阳、湖南常德及黑龙江哈尔滨建设了4个工情分中心；在黑龙江、吉林、河北、安徽和重庆5个省（市）建设了28个旱情分中心，以及203个旱情信息站和480个墒情采集点。

（2）通信系统方面。改造了海河流域永定河泛区和小清河分洪区两条微波干线，建设和完善了永定河泛区、小清河分洪区、东淀、文安洼、贾口洼和恩县洼等6个蓄滞洪区的预警反馈通信系统。

（3）计算机网络系统方面。建成了连接水利部、7个流域管理机构、31个省（自治区、直辖市）及新疆生产建设兵团的水利信息骨干网络、网络中心和网络安全管理服务。并基于防汛信息骨干网络建立了防汛抗旱指挥异地会商视频系统。

（4）决策支持系统方面。建立了中央、流域机构、省、水情分中心4级实时雨水情数据库；建立了覆盖全国范围的 1∶250000 比例尺和覆盖东部重点洪涝易发区的 1∶50000 比例尺图形库；实施了历史大洪水、历史洪灾、社会经济和热带气旋等数据库建设；在水利部、7 个流域机构、31 省（自治区、直辖市）和新疆生产建设兵团初步建立了部分防洪工程数据库和业务应用支撑平台。

一期工程建设完成投入运行后，在防汛抗旱工作中发挥了显著作用，开发的水情会商、气象会商、洪水预报、汛情监视等系统为国家防总防汛抗旱指挥、调度、决策会商提供了有力的信息和技术支撑。二期工程在一期工程建设的基础上，完成覆盖全国 2800 多个中央报汛站的自动化改造；在全国范围内初步建成工情信息采集体系；实施了"三北"地区（东北、华北、西北）旱情信息采集系统建设，初步建成了旱情信息采集体系；扩充了国家防总、水利部与 7 个流域机构的网络带宽，并在全国范围内建成了连接流域、省（自治区、直辖市）和地市级的防汛信息网络；扩大数据汇集平台应用范围，扩展应用支撑平台功能，强化应用支撑平台的作用，补充完善了防汛抗旱决策支持系统建设，集视频监视、会商、语音通话、数据采集、传输等多元化综合运用的现代化防汛抗旱指挥系统进一步完善。

3．建设成效

国家防汛抗旱指挥系统通过集成先进的传感、现代通信、计算机网络、3S、仿真、决策支持等技术，实现了集信息采集、通信、计算机网络、天气雷达应用、决策支持于一体的功能，可及时全面地了解水、雨、工、旱、灾情，及时准确地作出暴雨、洪水预报，快速地做出科学可行的调度方案，并对各种方案实施的后果进行评价，保证防洪工程安全，充分发挥防洪工程效益，将洪涝灾害损失降到最低。

系统创建了"两台一库"的技术体系，突破了困扰应用系统开发的标准不一、自成体系的技术难题。研制基于信息共享、上下联动模式的防洪调度系统，有效实现了交互式的防洪形势分析、调度方案生成及仿真、调度方案优化等方面的决策支持。这些特性不仅提高了防汛抗旱工作的效率和准确性，还为我国水利事业的发展和防汛抗旱信息化、现代化的进程起到了巨大的推进作用。

近年来，国家防汛抗旱指挥系统建设全面支撑了防汛抗旱决策过程，提高了防汛抗旱调度决策和指挥的科学水平，提升了突发事件的快速应急能力。在全国各地多年来的防汛减灾中，产生了巨大的经济效益，对我国水利事业的发展和防汛抗旱信息化和现代化的进程起到巨大的推进作用。经过两期工程的实施，推动我国防汛抗旱指挥决策上升到了新高度，达到了世界先进水平。

1.3.3　数字孪生水利建设

1．建设背景

习近平总书记强调，要全面贯彻网络强国战略，把数字技术广泛应用于政府管理服务，并提出了提升流域设施数字化、网络化、智能化水平的明确要求。国家"十四五"新型基础设施建设规划明确指出要推动大江大河大湖数字孪生、智慧化模拟和智能业务应用建设。水利部党组将推动智慧水利建设作为推动新阶段水利高质量发展的六条实施路径之一，数字孪生水利建设作为智慧水利的核心与关键，必须坚持数字赋能，充分地利用新一代信息技术加快构建具有"四预"功能的智慧水利体系。

推进数字孪生水利建设是由水利工作的空间特点决定的，流域、水网、工程等都涉及大尺度、大范围的工作，不可能在物理场景中试验不同方案，只能在数字空间进行反复预演，经过综合评估分析后选择最优方案，运用到实际工作中，这是适应现代信息技术发展形势的必然要求，同时也是贯彻习近平总书记重要指示精神和党中央、国务院决策部署的明确要求，是推动和实现新阶段水利高质量发展的必然要求，是科学实现"节水优先、空间均衡、系统治理、两手发力"治水方针的迫切要求。

2．建设内容

数字孪生水利建设主要包括信息化基础设施、数字孪生平台、水利智能业务应用等内容。

（1）信息化基础设施建设主要包括水利感知网、水利信息网以及水利云。水利感知网建设流域、区域感知数据汇集平台，扩展定制视频级联集控平台流域节点、区域节点和水利遥感服务平台流域节点、区域节点，升级改造各类监测站，并装备无人机、无人船等。水利信息网建设包括优化调整网络结构，推进IPv6规模部署和应用，扩大互联网带宽。此外，利用水利卫星通信网建设流域水利工程工控网等。水利云建设可依托政务云、自建云等建设区域二级水利云，包括基础计算服务器资源、存储资源、高性能计算服务器资源以及人工智能并行计算服务器等资源。

（2）数字孪生平台建设主要包括数据底板、模型平台、知识平台三部分。其中，数据底板主要包括水利部本级建设覆盖全国的L1级数据底板、流域管理机构和省级水行政主管部门建设覆盖大江大河大湖及其主要支流江河流域重点区域的L2级数据底板、建设和接入流域重要水利工程L3级数据底板，以及数字场景融合。模型平台主要包括水文、水力学、泥沙动力学、水资源、水土保持、水生态、水利工程安全等

7 大类水利专业模型，同时根据具体区域特点需要建设流域特色模型；遥感识别、视频识别、语音识别等 3 类智能识别模型，以及自然背景、流场动态、水利工程、机电设备等 4 类可视化模型。知识平台主要包括水利知识库和水利知识引擎，知识库主要涉及水利知识库建设标准规范以及流域主要河流内重要断面的预报方案库、水利对象关联关系图谱、历史大洪水场景库以及预警规则库、调度预案库等。同时可根据区域需要定制扩展具有流域特色的水利知识库和水利知识引擎，并实现服务调用和共享交换。同时，以知识库为支撑，利用知识图谱技术建设具有水利知识表示、水利知识抽取、水利知识融合、水利知识推理、水利知识存储功能的水利知识引擎。

（3）水利智能业务主要包括流域防洪、水资源管理与调配等。在流域防洪方面，水利部本级、各流域管理机构和省级水行政主管部门在国家防汛抗旱指挥系统工程、中小河流水文监测预警系统、山洪灾害防治等项目建设成果基础上，基于数字孪生水利平台，搭建"1+7+32"的流域防洪"四预"业务平台。在水资源管理与调配方面，水利部本级与省级水资源管理与调配系统对接，扩展水资源调配"四预"等功能，各级水行政主管部门在此基础上结合流域特点整合相关系统、扩展功能、接入数据，搭建流域和区域水资源管理与调配系统。同时，各级水行政主管部门在国家水利综合监管平台基础上，结合流域和区域业务特点整合相关系统、扩展功能、接入数据，搭建流域、区域 N 项业务系统。

3．建设成效

数字孪生水利的建设成效显著。2022 年，水利部先后提出数字孪生水利工程、数字孪生水网并进行顶层设计，至此数字孪生流域、数字孪生水网和数字孪生水利工程共同形成水利数字孪生系列。根据水利部办公厅文件公布：2022 年，全国数字孪生流域建设先行先试应用案例已达 47 项。2023 年，水利部数字孪生平台基本建成，七大江河数字孪生流域建设相继实施，数字孪生水利框架体系基本形成。2024 年，全国 94 项数字孪生流域建设先行先试任务开始发挥成效，大江大河、国家水网、水利工程全部纳入数字平台管理；49 个灌区开展数字孪生灌区先行先试，灌溉周期明显缩短，灌溉效率总体提升 10%以上。数字孪生水利建设提高了水利管理效率和质量、水资源配置、防洪减灾等多方面能力。

在数字孪生流域方面，数字孪生黄河研制了智能石头、光电测沙仪、小禹防汛机器人等智能设备，实现由"原型黄河—模型黄河—数字孪生黄河"组成的"三条黄河"的有机联动。

在数字孪生水网方面，建成南水北调中线和 7 个省级水网监控调度平台，提升了水资源调配能力。南水北调中线工程通过电子围栏、远程控制系统，实时掌握全线 1300 多千米渠道情况。同时，南水北调研发了基于不同时空尺度下多场景长距离输水过程仿真模拟等技术，实现了保障工程、供水、水质"三个安全"的"四预"功能体系。

在数字孪生水利工程方面，数字孪生三峡研制了防洪预报—调度互馈技术，结合调度规则知识图谱，实现了多目标、多约束的水工程联合调度智能决策，推进实体工程与数字孪生工程同步交互，有效提升了三峡工程综合管理能力。

第2章 中线工程应急管理现状与需求

《左传》曾提到"居安思危,思则有备,有备无患",应急管理是每个水利工程运行管理单位的重要工作内容。为了能够合理利用新一代信息技术提升应急管理工作的成效,本章对中线工程应急管理现状和需求进行全面的阐述和分析。首先回顾应急管理的基本概念和发展历程,然后介绍中线工程的运行管理和应急体系建设情况,最后分析在加强中线工程应急管理方面所需的技术手段。

2.1 应急管理的基本概念与发展历程

2.1.1 应急管理的基本概念

应急管理指的是为了降低突发灾难性事件的危害,基于对造成突发事件的原因、突发事件发生发展过程以及所产生的负面影响的科学分析,有效集成社会各方面的资源,运用现代管理方法和技术手段,对突发事件进行有效的监测、应对、控制和处理。因此,应急管理是各级政府加强社会管理、搞好公共服务的一项基本职能,也是社会中的各类主体在运营管理中的一项基本工作内容。

从应急管理的范围不难看出,应急管理有其独特的关注对象和流程。从管理主体上看,中国正在建立健全党委领导、政府负责、部门联动、军地联合、社会协同、公众参与、科技支撑、法治保障的社会治理体系,而应急管理是社会管理中的重要内容,需要坚持党委领导、政府主导、社会力量和市场机制广泛参与。从管理客体上看,应急管理强调对突发事件的综合管理。《突发事件应对法》的第二条规定应急管理的客体包括自然灾害、事故灾难、公共卫生事件和社会安全事件,应急管理是对上述四类突发事件的综合管理。从管理过程上看,应急管理强调对突发事件全过程的管理。按照《突发事件应对法》的规定，应急管理包括突发事件的预防与应急准备、监测与预警、应急处置与救援、事后恢复与重建共四个过程，并充分体现"预防为主、常备不懈"的应急管理理念。

综上所述，应急管理是针对各类突发事件（包括自然灾害、事故灾难、社会安全事件和公共安全事件），从预防与应急准备、监测与预警、应急处置与救援到事后恢复与重建等全方位、全过程的管理。应急管理主要工作的内容可以归纳为"一案三制"，即突发事件的应急预案、应急机制、应急体制和应急法制建设。

应急管理工作是一个复杂的、开放的系统工程，各类突发事件的关联性强，互相影响、互相转化，预防性的减灾与应急管理战略显得尤为重要。首先，应急管理重在思想而不单是手段。应急管理活动既要按照突发事件发展规律和过程，采取防范、识别、处理、善后等工作活动和手段，又要按照一般管理过程要求，从危机分析、计划、组织、指挥、领导、决策、沟通、控制与监督等管理职能方面进行应急管理职能的体系构建，即应急管理思想和理论基础要遵循一般管理学的理论与逻辑。其次，中国应对突发事件的基本方针是预防为主、预防与应急相结合。由于突发事件将对组织内部的平衡产生威胁或损害，所以对于突发事件应力争将其控制在萌芽之中，而对于已经发生的突发事件，则要抓住机会和条件，尽快、科学地处理，扭转突发事件发展态势，力争使突发事件的持续时间最短、损害最小。此外，在实施应急管理时应当特别注意信息的交流渠道，畅通的信息获取、沟通和发布是作出合理应急决策的重要保证。最后，应当及时地总结经验教训，修改完善风险评估机制，强化风险防范措施和隐患排查治理，增强组织对危机的免疫能力，从而提升预防与应急准备能力。

2.1.2　应急管理的发展历程

相对于美国、英国等发达国家，我国应急管理的起步较晚，国内应急管理的研究可大致划分为四个发展阶段。

萌芽起步阶段（2003 年之前）。在这一阶段，我国突发事件主要以灾害为主，灾害的起因相对简单，影响也主要局限于地方。与之相应，应急管理研究也主要集中于灾害理论、灾害保险和防灾减灾对策等方面，研究内容也比较单一，综合性的研究成果较少。

快速发展阶段（2003—2012 年党的十八大之前）。"非典"疫情充分暴露了我国应急管理体系和应急管理能力存在的短板与不足，同时也推动了我国应急管理研究的快速发展。在这一阶段，应急管理研究热点主要有应急管理、危机管理、突发事件、群体性事件等基本概念，突发事件分级、分类与分期，突发事件背景下的社会动员，以"一案三制"为主要内容的应急管理体系构建、优化和完善，应急管理能力建设和评价指标体系构建以及国外应急管理经验研究等。

全面创新阶段（2012 年党的十八大之后）。党的十八大以来，国内改革发展的任务更加艰巨繁重，国际形势更加复杂多变，面临的风险挑战更加复杂多样。国内外安全形势的变化，尤其是总体国家安全观的提出，对我国应急管理研究提出了新的要求，应急管理研究必须更好地服务于国家总体安全建设的现实需要。为此，如何推进应急管理体系和能力现代化建设，如何强化风险管理和安全治理研究，如何实现风险管理、安全治理和应急管理的有效衔接，以及如何有效治理网络舆情等问题成为研究的重点。

以"应急管理体系"为统领的阶段。2018 年，党和国家机构改革，将相关机构的职责整合，组建应急管理部作为国务院组成部门。应急管理部将分散在国家安全生产监督管理总局、国务院办公厅、公安部（消防）、民政部、国土资源部、水利部、农业部、林业局、地震局，以及防汛抗旱指挥部、国家减灾委、抗震救灾指挥部、森林防火指挥部等的应急管理相关职能进行整合，以防范化解重特大安全风险，健全公共安全体系，整合优化应急力量和资源，打造统一指挥、专常兼备、反应灵敏、上下联动、平战结合的中国特色应急管理体制。

综上，我国应急管理发展趋势包括：由单一事件处置向多种事件综合管理转变，从单一自然灾害处置向各类突发事件管理延伸，事故灾害、公共卫生、社会安全等突发事件的应急处置工作正日趋完善；从重在处置向"预防为主"转变；由单项减灾向综合减灾转变，由减轻灾害向减轻灾害风险、加强风险管理转变，并由单纯减灾向减灾与可持续发展相结合转变；从工程减灾向区域减灾转变，更加强调合作、协调、联动和高效，更加强调运用先进的科技手段与方法。

2.2　中线工程运行管理概况

2.2.1　中线工程简介

南水北调中线工程是我国水资源优化配置和促进经济社会可持续发展的重大战

略性基础设施，全长 1432km，南起丹江口水库，跨越长江、淮河、黄河、海河四大流域，沿线途经河南、河北、北京、天津 4 个省市。自 2014 年 12 月全线通水以来，截至 2023 年 12 月，工程累计输水超过 700 亿 m^3，已成为京、津、冀、豫 4 省市等沿线大中小城市的主要生活水源，有效缓解了我国北方水资源严重短缺现状，优化了水资源配置，改善了生态环境，对于保障和促进我国北方地区的经济发展、环境改善和社会稳定都具有十分重要的战略意义。

中线工程是一个十分复杂的远距离调水工程，总干渠从河南省淅川县陶岔渠首枢纽引水，渠道大部分位于嵩山、伏牛山、太行山山前，京广铁路以西。其中陶岔—北拒马河段长 1196.362km，采用明渠输水方案，渠道采用梯形过水断面，对全段面进行衬砌，防渗减糙。北京段长 80.052km，采用 PCCP 管和暗渠相结合的方式输水。天津段全长 155.531km，采用暗涵的方式输水。

中线工程由南水北调集团中线有限公司（简称中线公司）负责建设和运行管理工作，公司共分三级管理：一级管理单位为南水北调中线有限公司；二级管理单位包括 5 个二级分公司（渠首、河南、河北、北京、天津分公司）、北京市南水北调干线管理处和 3 个全资子公司；三级管理单位为 47 个三级管理处。中线公司组织结构如图 2-1 所示。

根据南水北调中线工程的构成特点及建筑物的功能，可以将中线工程系统分为四大子系统：交叉建筑物系统、输水干渠工程系统、穿黄穿漳工程系统和控制物系统。

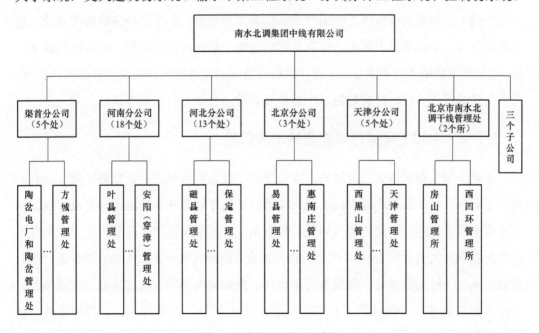

图 2-1　中线公司组织结构

（1）交叉建筑物系统。南水北调中线工程输水干渠与沿途的河流、铁路、公路相交，均采用交叉建筑物的形式建造。交叉建筑物的类型主要包括河渠交叉建筑物、左岸排水建筑物、渠渠交叉建筑物、铁路交叉建筑物、公路交叉建筑物。其中，根据建筑物的结构形式，河渠交叉建筑物可以分为渡槽、倒虹吸、涵洞三大类。

（2）输水干渠工程系统。南水北调中线工程系统的输水总干渠主要采用明渠形式，在北京段和天津段采用了暗渠形式。为保证渠水自流，明渠的建造采用了多种方式包括填方、挖方和半挖半填。渠道沿线跨越多个地理区域，地质条件复杂多样，建造时克服了岩石地层、土壤结构、地质构造等差异造成的挑战。

（3）穿黄穿漳工程系统。主要指输水总干渠穿越黄河和穿越漳河所修建的两个大型河道穿越工程。工程通过隧洞形式穿过河床，其中穿黄工程的总长为 19.3km，穿越黄河段约 4.25km；穿漳隧洞全长约 2.2km。隧洞施工主要采用了盾构法开挖技术，部分采用明挖法。在施工过程中，为了应对软弱地质和地下水渗透问题，工程使用了先进的防水、防渗技术，确保隧洞的长期安全运行。

（4）控制物系统。南水北调中线工程整体上采用了串联的形式输水。因此，在整个中线工程调度运行过程中，需要调度中心对全线所有的节制闸、分水口、退水闸、工作闸等控制，从而调整不同渠段的流量和水位。调度运行的平稳性是影响中线工程安全运行的重要因素之一。

中线工程的复杂性使得工程运行期面临着工程安全、水文、经济等各类风险，整个系统任何一个环节发生风险，很容易影响到整个系统的安全运行。一旦出现调水危机，不但严重影响人民正常生活，而且将造成巨大的经济损失和不良的社会政治影响，关系到区域经济效益、社会效益、生态环境效益，甚至人身安全等关键问题。

2.2.2　中线工程运行期面临的事故风险

南水北调工程规模大、沿线长、建筑物多、设备种类多，专业化要求高，运行管理十分复杂。由于南水北调中线工程所面临的自然环境和社会经济条件复杂多变，南水北调中线工程运行中面临的风险也日趋复杂，目前中线工程可能发生的突发事件可归纳为以下四大类，共 15 种，分别为自然灾害（洪涝灾害、冰冻灾害、地震灾害等）、事故灾难（工程安全事故、突发水污染事件、突发调度事件、火灾事故、交通事故、穿越工程突发事件、网络安全事件等）、社会安全事件（群体性事件、恐怖事件、涉外突发事件、突发社会舆情事件等）、公共卫生事件。

1．自然灾害

（1）洪涝灾害。洪涝灾害影响因素众多，具有很强的随机性、动态性，以及防洪措施运用的不确定性，造成了洪涝灾害风险的复杂性和其应对的困难性。中线工程总干渠西侧紧邻伏牛山、太行山山前地带，是我国主要的暴雨区之一，雨季相对集中、暴雨虽历时不长，但强度很大。一旦发生暴雨，沿线交叉河流也会在同一时间发生洪水，陡涨陡落、峰形较尖瘦的洪水过程与山区河流洪水特性相同。中线工程河南段汛期从 5 月 15 日开始，河北、北京和天津段工程汛期从 6 月 1 日开始，汛期结束时间均为 9 月 30 日（如遇特殊年份也可适当延长汛期），每年汛期暴雨洪水主要发生在 7 月和 8 月。

中线工程总干渠的主要防洪排导设施有防洪堤和交叉排水建筑物。发生较大洪水时，一方面，大量洪水通过河渠交叉建筑物流向下游，如果河道存在淤积、采砂等过流能力差，会导致交叉建筑物断面水位瞬时壅高，进而影响交叉建筑物的防洪安全。另外，河渠交叉建筑物受洪水淘刷深度超过设计冲刷深度时，建筑物可能会发生失稳破坏。另一方面，洪水经过左岸排水建筑物，从总干渠左侧穿过流入干渠右侧。如果左岸排水建筑物排水不畅，洪水无法及时下泄排走，则严重影响总干渠防洪堤和建筑物的安全。中线干线工程范围内洪涝灾害风险因素主要包括持续降雨和洪水，防汛风险项目主要有河渠交叉建筑物（倒虹吸、暗渠、渡槽）、左排建筑物、全挖方渠道、全填方渠道和其他工程等五类。

（2）冰冻灾害。中线工程从南向北每年 365 天一直在供水，水流由低纬度流向高纬度，到了冬季就得实施冰期输水模式，对运行调度控制造成了较大挑战。中线干线工程可能受到冰冻灾害影响的是安阳河以北渠段，在结冰期和融冰期都有可能发生冰塞、冰坝等灾害，导致渠道水位骤升甚至水流漫溢，严重时造成堤坝决口、供水中断和工程建筑物破坏等情况。冰期通常为每年 12 月上旬到次年 3 月下旬，大约 90 天左右。中线干线工程在冰期运行中可能会发生的冰冻灾害包括冰塞、冰坝、设备故障等。

（3）地震灾害。中线工程经过区域的地震烈度为 6～8 度，其中 8 度的区域渠段长 178.346km，7 度的区域渠段长 693.226km，6 度的区域渠段长 476.661km。发生地震后对中线工程可能带来的风险主要有工程结构破坏、自动化调度系统失控、金结机电设备设施损坏、供电系统瘫痪、水质污染等。通水运行以来沿线局部区域发生过小于 3 级的微震地震，未发生过影响较大的地震灾害。

2．事故灾难

（1）工程安全事故。中线工程渠道沿线所经过的特殊地质渠段包括膨胀性（岩）土渠段、饱和砂土渠段、湿陷性黄土渠段、河滩地以及煤矿采空区渠段，其中膨胀土渠段累计长约369km，渠坡、渠底为中～强透水岩（土）体的渠段累计长248.8km，饱和砂土渠段特殊渠段累计长41.5km，湿陷性黄土渠段计长181.6km，通过煤矿区渠段累计长51.7km（其中采空区3.11km）。主要风险点集中在渠道、输水建筑物和穿渠建筑物处。渠道风险分为挖方渠段和填方渠段，其中挖方渠段可能发生的险情有滑坡、防洪堤损毁等；填方渠段有渠堤内外坡失稳、漫顶、渗漏等。输水建筑物风险包括地基失稳、抗滑失稳、抗浮失稳、止水失效、渗漏、土方滑塌、进出口岸坡冲刷、管道爆裂、接头渗漏等。穿渠建筑物风险包括管身结构破坏、管涵变形、渗漏破坏、进出口建筑物破坏、渠坡失稳、箱涵淤积、渠堤漫顶等。通水运行以来，曾发生过几起工程安全事故险情。

（2）突发水污染事件。中线工程线路长，跨渠桥数量众多，沿线周边环境复杂。工程运行期面临的突发水污染风险主要有洪水或地表水入渠污染风险、地下水渗透污染风险、穿跨越工程泄漏事故风险、危化品运输车辆跨越渠道时发生交通事故风险、人为恶意投毒风险、工程运行中油类泄漏、藻类贝类异常增殖等引发的水生态灾害等风险。通水运行以来，曾发生过几起局部水污染事件。

（3）突发调度事件。中线工程自南向北为一条单一的自流线路，沿线无调蓄水库可用来调节水量，如遇紧急事件，一般通过增加或减少源头入渠流量、调节上下游节制闸和退水闸的方式来调节水量。突发调度事件除调度人员误操作或调度系统发生故障外，一般为其他各类突发事件引起的调度事件，如遇外水入渠、水质污染、衬砌板破坏、边坡失稳滑坡、产生冰塞冰坝阻挡水流、泵站停机等险情时，采取提前调整运行水位、调整上游节制闸开度、预留槽蓄空间或加大水位压重衬砌板、启用退水闸（排冰闸）等措施。另外，当上下游供用水单位（主要为水源工程和地方配套工程）发生突发事件，对中线工程运行安全造成影响或需要配合抢险时，根据实际需要采取响应调度措施。通水运行以来因暴雨洪水、冰冻灾害等影响，曾进行过多次应急调度。

（4）火灾事故。中线工程可能发生的火灾事故包括办公场所、仓库、宿舍、食堂、闸室、变配电房、绿化带等。可能引起火灾事故的主要原因包括：设备安装不规范、操作失误、使用或维护不当，维护施工作业用电、用火等违规，易燃易爆化学物品燃烧爆炸，用电、用气不当起火，雷击或外界火灾蔓延等。通水运行以来，曾发生过设备火灾事故。

（5）交通事故。中线工程沿线跨渠桥梁 1238 座，随着沿线地方道路建设发展，跨渠桥梁数量将进一步增加。跨渠桥梁与地方道路连接，存在发生交通事故的风险，部分事故还可能会对跨渠桥梁或渠道造成破坏。部分渡槽、涵洞等结构与地面道路交通形成立体交叉，交叉部位的路面存在发生交通事故的风险，部分事故可能会对总干渠交叉建筑物结构造成破坏。工程左右岸设有运行维护道路，沿线各管理处有对外连接道路，日常工程巡查或维护车辆通行频繁；因此也存在发生交通安全事故的风险。发生交通事故可能导致人员伤亡，还可能导致桥梁、建筑物结构受损、车辆入渠、水质遭到破坏等严重后果。通水运行以来，曾发生过多起交通事故。

（6）穿越工程突发事件。穿跨邻接工程是指在中线工程管理范围内建设的桥梁、公路、管道等各类采用上部或下部跨越，或是在保护区范围内建设的工程。其中，穿越工程风险包括管身结构破坏、外侧回填体变形、结合部位渗漏、干渠渠堤溃口、管道爆管、爆炸等。跨越工程风险包括跨渠桥梁交通事故导致车辆坠入渠道，导致工程结构受损、渠道水质污染；输送液体或气体管道桥或渡槽输送管道破坏，导致液体进入渠道，造成渠道水质污染，管道爆管、爆炸导致工程结构破坏。邻接工程风险指的是中线工程保护区范围内建设的输送液体或气体的管道发生爆炸会导致渠道破坏，如果发生泄漏会造成渠道水质污染，或其他邻接工程发生险情危及渠道边坡等。穿越工程突发事件一般会与其他类型突发事件并存，如交通事故就有可能发生于跨越在中线工程总干渠上方的桥梁上，车辆发生车祸导致污染源进入中线工程渠道内，同时会引起水质污染。通水运行以来，曾发生过多起穿越工程突发事件。

（7）网络安全事件。南水北调中线干线工程网络安全突发事件包括有害程序类、网络攻击类、信息破坏类、信息内容安全类、灾害类等五类事件。有害程序类突发事件包括计算机病毒感染、蠕虫、特洛伊木马、僵尸网络、混合攻击程序、网页内嵌恶意代码等；网络攻击类突发事件，是指通过网络或其他方法，利用配置、协议和程序的缺陷等进行攻击，造成信息系统异常或不可用，包括拒绝服务、后门攻击、漏洞攻击、网络扫描窃听、钓鱼事件等；信息破坏类事件，是指篡改、假冒、泄漏或窃取系统中信息而导致系统瘫痪、数据毁坏、数据泄密的网络安全事件；信息内容安全类突发事件是指利用网络发布、传播危害国家安全、社会稳定和公共利益等违法内容的网络安全事件；灾害类突发事件是指由于不可抗力对网络与信息系统造成物理破坏而导致的网络安全事件，比如洪涝灾害、地震、火灾、恐怖袭击等导致网络瘫痪、信息中断等。通水运行以来，发生过多起网络安全事件。

3．社会安全事件

（1）群体性事件。中线工程群体性事件包括人员溺亡风险、施工纠纷风险和建筑物行洪风险。虽然有防护网等封闭措施，仍存在沿线居民、青少年擅自进入不幸掉入水中溺亡的事件，一旦处理不当，容易引发群体性事件。中线工程维护施工单位多，有时存在劳务纠纷，处理不当可能导致上访群体事件。汛期强降雨期间，河道行洪冲毁周边居民用房或耕地等情况有时也会导致群体上访事件。通水运行以来，因人员溺亡或合同纠纷造成了几起小事件，尚未达到群体性事件程度。

（2）恐怖事件。中线工程作为国家重点基础设施工程，存在遭受恐怖袭击的风险。一是工程实体遭受恐怖袭击风险。袭击方式可能为爆炸、纵火、撞击、无人机袭击等。二是水质污染风险，例如投放化学毒剂、生物战剂、放射性物质等。三是网络攻击风险，例如黑客攻击、远程操纵、电磁干扰等。四是恐怖劫持风险。通水运行以来，尚未发生过恐怖事件。但中线工程作为国家重要战略基础设施，面临的恐怖袭击风险仍然较大，随着国际形势的日渐紧张，恐怖事件也成为中线工程防范突发事件的重点。

（3）涉外突发事件。中线工程沿线周边存在不少外资企业，也会经常有外籍人员到中线工程参观考察。工程出现紧急退水、汛期行洪可能对周边外资企业和外籍人员造成一定损失，外籍人员在参观考察过程中可能坠渠或溺亡。通水运行以来，未发生过涉外突发事件。

（4）突发社会舆情事件。中线工程社会关注度高，在工程安全、水质安全、人身安全、工程质量、供水效益、水价等方面易成为突发社会舆情风险点。通水运行以来，未发生过突发社会舆情事件。

4．公共卫生事件

公共卫生事件主要包括重大传染病、群体性不明原因疾病、食品安全事件等。中线工程沿线距离城市较近，参与中线干线工程管理维护人员几千人，尤其是维护队伍人员数量多、流动性大，周边环境复杂，如有突发公共卫生事件发生，应对难度很大。2020年发生的新冠肺炎疫情是百年来全球发生的最严重传染病，是我国遭遇的有史以来最难控制的重大突发公共卫生事件，对中线工程运行管理也带来了较大挑战。

2.3　中线工程的应急管理体系

中线工程的应急管理是针对工程突发事件或事故，采取有效措施，保障工程安全稳定运行的一种管理方式。目标是通过科学、系统、有效的应急管理体系，最大限度地减少灾害损失，保障人民生命财产安全和工程正常运行。与之相关的水利工程应急管理的特点包括以下几方面。

1．突发性

水利工程的施工和运行与社会和自然关系密切，而社会和自然环境中的突发事件具有高度的不确定性，应急管理相关部门需要面对各种信息不完全，信息不准确或是信息不及时的情况，整个突发事件的发生发展过程都充满了风险性、震撼性、爆炸性的特征。突发性使得身处危急状态下的应急管理者无法循规蹈矩地思考，管理部门需要机敏地察觉眼前的问题与困难，并快速做出决策。

2．动态性

水利工程要承担挡水、蓄水和泄水的任务，因而对水利工程建筑物的稳定、承压、防渗、抗冲、耐磨、抗冻、抗裂等性能都有特殊要求。在不同时间、不同区域，突发事件发生的概率和可能造成的损失是不同的。此外，整个世界都是在动态变化中不断发展的，不仅自然界在变化，人类社会也在变化。伴随着时间、地点、承灾体的变化，突发事件的性质、发生概率和后果也是在不断变化着的，是一个动态发展的过程。

3．集中性

水利工程应急管理需要短期集中各种力量和资源来应对突发事件。突发事件的应对需要调用大量的资源，而资源的绝对匮乏是应急决策面临的又一主要特征。这也要求必须强化统一指挥原则，以提高资源使用效率，统一指挥资源的调动，避免不同部门或局部之间争夺资源的冲突和局部过激反应造成资源使用的浪费。为了有条不紊地解决危机，管理部门要从全局的层面上抓住关键环节与分清轻重缓急，避免分散指挥可能造成的各自为中心，只见局部不顾全局的局面。管理部门可以根据突发事件实际情况集中优势资源抓住关键环节、解决最紧急的问题。

中线工程线路长、交叉河流多、沿线地质条件复杂，导致了灾害多发频发。为防范化解重特大安全风险，建立健全公共安全体系，整合优化应急力量和资源，南水北调集团中线公司在加强应急管理中突出重点，抓住核心，建立制度，打牢基础，围绕应急管理体制、机制、法制和应急预案构建应急管理体系的核心框架，初步形成"统一指挥、专常兼备、反应灵敏、上下联动、平战结合"的应急管理体系。"平战结合"是指在"平时"状态下，能够实现综合监测、智能化业务运行及组织管理。在"战时"状态下，能够快速启动预警和应急响应流程，组织各方力量控制险情不再发展。

2.3.1 中线工程应急管理体制

1. 应急管理体制的概念

体制是指组织模式和主体相互权力关系的正式制度。应急管理体制主要是指应急管理机构的组织形式，即综合性应急管理组织、各专项应急管理组织以及各地区、各部门的应急组织各自的法律地位、相互间的权力分配关系及组织形式等。应急管理体制往往是一个由横向机构和纵向机构、政府机构与社会组织相结合的复杂关系，主要包括应急管理的领导指挥机构、专项应急指挥机构、日常办事机构、工作机构、地方机构及专家组织等不同层次。

中线工程应急管理体制是中线公司为完成中线工程的调水等运营任务而建立起来的具有确定功能的应急管理组织结构和行政职能。应急管理体制是建立应急响应机制和应急预案体系的依托和载体，健全分类管理、分级负责、条块结合、属地为主的应急管理体制始终是应急管理建设的目标。

2. 应急管理体制的构建原则

《中华人民共和国突发事件应对法》明确规定"国家建立统一领导、综合协调、分类管理、分级负责、属地管理为主的应急管理体制"。同时，中国还建立了涵盖中央与地方两个层面，上下统一、层级分明、职责明确的应急管理机构。

统一领导是应急管理的首要原则，也是突发事件的应急管理不同于其他过程管理的主要特点。应急管理与常态事务管理的不同之处在于，突发事件应急管理往往需要在短期内做出统一的决策，因此要求管理权相对集中，实行统一集中的决策，这也是世界各国应急管理机构的主要特点之一。

应急管理的综合协调包括三层含义：一是各级机构对所属各有关部门，上级机构对下级各有关单位的综合协调，也包括共有的上级机构对互相没有隶属关系或业务指导关系的不同层次单位之间的协调；二是对机构之外的各类主体进行的综合协调；三是突发事件应急管理工作的各级办事部门，根据职责所进行的日常协调工作。

分类管理通常是指同层级机构对突发事件的管理。我国将突发事件分为自然灾害、事故灾害、公共卫生和社会安全四大类。分类管理的内涵是指对于不同类型的突发事件，各级机构都有相应的指挥机构及应急管理部门进行统一管理。

分级负责主要是指不同层级机构在应急管理中的不同责任。将各类突发事件按照其性质、严重程度、可控性和影响范围等因素分成四级：Ⅰ级（特别重大）、Ⅱ级（重大）、Ⅲ级（较大）和Ⅳ级（一般）。分级负责的内涵是指中央政府主要负责涉及跨省级行政区划的，或超出事发地省级人民政府处置能力的特别重大突发应急响应和应对处置工作。

此外，要根据工作需要和人员变动情况及时调整中线工程突发事件应急管理领导小组成员和应急办公室主任、成员，汛前及时调整各级防汛组织机构，公布年度各级机构防汛责任人和联系人名单。每年会根据工程实际情况将全线工程划分为若干片区，由公司领导班子成员分片包干，层层落实应急工作责任制。

3．中线工程的应急管理体制设计

根据《国家突发公共事件总体应急预案》的规定，中国的应急管理机构分为五个层次：领导机构、办事机构、工作机构、专家组、地方机构。

中线公司成立了南水北调中线干线工程突发事件应急管理领导小组，统一领导应急管理工作。组长由中线公司董事长和总经理担任，副组长由中线公司领导班子成员担任，成员由中线公司副总工程师、总调度师等和各部门主要负责人及各二级运行管理单位主要负责人组成。

应急管理领导小组下设应急办公室作为办事机构，负责应急管理日常工作。此外，应急管理领导小组下设 6 个专业应急指挥部，共同作为主要的工作机构，分别为：工程防汛指挥部，工程安全事故、冰冻灾害、地震灾害、穿（跨）越工程突发事件应急指挥部，水污染应急指挥部，应急调度指挥部，重大交通事故、火灾事故、突发性群体事件、恐怖袭击事件、涉外突发事件应急专业指挥部，突发事件新闻发布应急指挥部，各相关职能部门分别负责相应专业突发事件应急管理工作。各个专业指挥部的专家团队作为专家组成员，负责综合决策。

二级和三级运行管理单位成立了以主要负责人为组长的应急管理指挥队伍，组建地方机构。应急抢险队伍的组成包括自有应急抢险队伍、社会委托应急抢险队伍和地方应急抢险队伍 3 部分。自有应急抢险队伍由中线公司各分公司成立，其人员主要由分公司领导和所辖管理处应急专员组成，负责贯彻落实中线公司和分公司有关应急的规章制度，执行上级和地方应急指挥机构的指令，当发生突发险情时根据指令立即赶赴现场开展紧急抢险、现场应急调查、应急处置等工作；社会委托应急抢险队伍有 8 支，一般由分公司通过招标或竞争谈判形式，以合同形式委托具有一定资质的大型施工企业作为分公司层面应急抢险队伍，其承担各分公司所辖工程范围内突发事件应急抢险和救援任务，主要工作内容包括日常备防、特殊时期驻守、应急调动拉练、抢险救援实施、应急演练等；地方应急抢险队伍指沿线省市防汛部门、部分地方政府应急抢险队及驻地部队，各分公司、现地管理处与地方应急抢险队伍建立抢险救援协作机制，需要时可得到及时支援。

2.3.2　中线工程应急管理机制

应急管理机制是涵盖了突发事件事前、事发、事中和事后的应对全过程中各种系统化、制度化、程序化、规范化和理论化的方法与措施。应急管理机制是一个综合性的体系，它涉及对突发事件的预防、准备、响应和恢复的全过程管理。这个机制的目的是确保在突发事件发生时，能够迅速、有序、有效地进行应急处置。中线工程应急管理机制的建立是一个动态的、持续改进的过程，需要不断地根据中线工程实际情况进行调整和优化，以适应不断变化的环境和挑战。中线工程应急管理机制主要包括以下内容。

（1）应急组织体系机制。建立一个包括内部联动协同和外部应急响应联动的组织体系，涉及南水北调中线干线系统内部的应急机构以及与地方政府、公安、交通、医疗等部门的协作。

（2）突发事件分类和分级机制。将突发事件分为不同的类别（如工程事故类、水质污染类、社会影响类和自然灾害类）和级别，以便于采取相应级别的应急响应。

（3）应急响应程序机制。明确从突发事件报告、预警、预案启动、组织指挥到事后恢复的全过程管理机制。

（4）预警监测机制。通过监测系统收集数据并进行分析，识别潜在风险和异常情况，及时发布预警信息。

（5）信息传递和共享机制。确保信息在组织内部和跨部门之间快速、准确地传递和共享。

（6）隐患排查机制。定期检查、检修、巡查和风险评估，及时发现和处理潜在的安全隐患。

（7）应急响应行动机制。包括工程抢险、医疗救助、交通管制、信息发布等，确保在突发事件发生时能够迅速采取行动。

（8）应急结束和后期处置机制。在突发事件得到控制后，进行善后处置，包括事故调查、损失评估和恢复重建。

（9）总结评估和持续改进机制。对应急响应过程进行总结和评估，汲取经验教训，不断改进应急管理和响应机制。

（10）激励机制。通过评比、奖励等方式，激励各部门和个人积极参与应急管理工作。

（11）预案管理和演练机制。定期对应急预案进行审查、更新和管理，并进行应急演练，以提高应急响应的有效性。

（12）经济保障机制。确保应急响应所需的经费和资源得到保障，包括正常经费、应急响应基金和保险费等。

（13）技术保障机制。利用先进技术支持应急管理，包括预警和预报研究、安全评估与预警系统开发等。

（14）物资和设备保障机制。确保应急所需的物资和设备充足并能够及时到位。

这些机制共同构成了中线工程综合性的应急管理体系，旨在提高中线工程应对突发事件的能力，确保工程的运行安全、供水安全和社会稳定。应急管理机制建设的重要性主要表现在它是实现科学决策的重要手段，也是提高应急管理能力的根本途径，对于应急体制建设也具有重要的影响和补充作用。体制建设往往具有一定滞后性，尤其是当体制还处于不够完善或探索的情况下，机制建设能通过完善相关工作制度，从而有利于弥补体制中的不足，并促进体制的发展与完善。

2.3.3　中线工程应急管理法制

应急管理法制建设指的是建立应急管理相关的法律、法规和规章制度。与常态管理相同，应急管理也同样需要法治，合理运用法律是最根本最有效的手段。应急管理法制建设是应急管理体系建设的保障，依法进行突发事件应急响应、处置，可以使整套流程更加规范、有制度、有法治。

我国目前现行的综合性应急管理法律法规包括：《中华人民共和国突发事件应对法》《中华人民共和国安全生产法》；自然灾害应对方面的法律法规主要有《中华人民共和国防洪法》《中华人民共和国防震减灾法》《中华人民共和国防汛条例》《破坏性地震应急条例》等；事故灾难应对方面的法律法规主要有《中华人民共和国消防法》

《中华人民共和国道路交通安全法》《危险化学品安全管理条例》《生产安全事故报告和调查处理条例》《水库大坝安全管理条例》等；社会安全事件应对方面的法律法规主要有：《中华人民共和国戒严法》《国务院信访条例》等；公共卫生类突发事件应对方面的法律法规主要有《中华人民共和国传染病防治法》《中华人民共和国食品卫生法》《重大动物疫情应急条例》等。这些法律法规为处理常见的突发事件、采取应急措施提供了合法的程序化手段。

应急管理法制体系是保障南水北调中线工程有效应对突发事件、保护水源安全及生态环境的重要保障，其涵盖了相关法律法规、应急预案、培训与演练、信息共享等多个方面，确保了中线工程运行的安全、稳定和高效。自20世纪80年代以来，中线工程已经初步形成了一套包括国家法律、行政法规、部门规章、标准规范、地方性法规规章等在内的水资源法制体系。这一法制体系的建设，为中线工程提供了坚实的制度保障。

国务院和相关部门已经制定了一系列规章制度，如《南水北调工程基金筹集和使用管理办法》《南水北调工程建设征地补偿和移民安置暂行办法》等，这些法规对工程建设、征地移民、治污环保等方面提供了重要的指导和依据。此外，还颁布了《南水北调工程质量责任终身制实施办法》等规章，尝试在工程质量领域推行终身责任制。

地方性法规和政府规章方面，沿线省份如北京、天津、河南等也出台了相关法规，如《北京市南水北调工程保护办法》《河南省南水北调配套工程供用水和设施保护管理办法》《南水北调沿线水污染物综合排放标准》《南水北调工程沿线区域水污染防治条例》等，为工程的保护提供了法律保障。

尽管取得了一定的成果，但中线工程法制体系仍存在一些尚未解决的问题，如立法主体规格较低、法规约束力不够、法规内容不协调等。针对这些问题，中线工程管理部门已经开展了相关工作，后续将进一步完善法规体系，着手开展南水北调工程专项立法工作，提升法制权威性。继续努力健全法治工作机制，强化党委、政府的责任，增进部门间的协同配合。此外，加大工程执法力度，强化对工程保护工作的考核，确保工程长期稳定发挥效益。同时，中线工程管理部门将通过做好法治宣传增强公众的水工程意识、水成本意识、水安全意识，形成保护中线工程的良好社会风尚。

2.3.4 中线工程应急预案

应急预案是指在风险分析和评估的基础上，针对可能发生的突发事件或事故，为保证迅速、有序、有效地开展应急与救援行动、降低事故损失，预先制定的有关计划或方案。随着中线工程的运行时间增长，中线工程可能发生的突发事件类型更加明确，对突发事件的应急管理内容更加细致，针对各类突发事件的应急响应方式和部门协作模式逐渐成形，中线干线工程突发事件应急预案体系已初步形成。

中线干线工程应急预案体系由一级运行管理机构（中线总公司）层级预案、二级运行管理单位层级预案和三级运行管理单位层级预案及现场处置方案组成。二级管理机构预案一般包括综合预案、防汛预案和水污染事件应急预案。三级管理单位预案一般包括防汛预案、水污染事件应急预案和突发事件现场处置方案。此外，针对特殊情况可增加专项应急预案和现场处置方案。中线工程突发事件应急预案体系如图 2-2 所示。

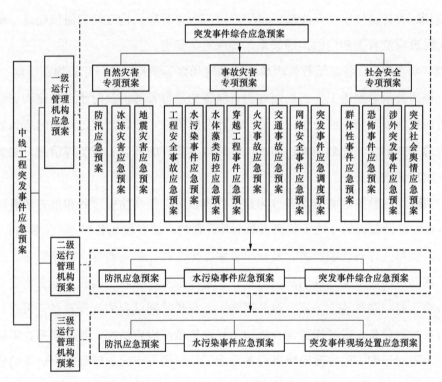

图 2-2　中线工程突发事件应急预案体系图

在应急预案内容的设计上，一般由应急管理组织、应急响应流程和应急保障三部分组成，其中应急管理组织已在 2.3.1 节详细说明，在此不作赘述。

1．应急响应流程

中线干线工程突发事件按照其性质、严重程度和影响范围等因素，分为 4 个级别：

Ⅰ级（特别重大事件）、Ⅱ级（重大事件）、Ⅲ级（较大事件）和Ⅳ级（一般事件）。对应的突发事件的应急响应分为四级，当发生Ⅰ、Ⅱ、Ⅲ级突发事件时，由一级运行管理单位启动一、二、三级响应；发生Ⅳ级突发事件时，由二级运行管理单位启动四级响应。超出本级应急处置能力时，及时报请上级单位启动相应预案。当国家或地方启动突发事件总体预案和专项预案时，各级运行管理单位相应应急指挥机构接受统一领导。

2．应急保障

应急保障一般包括通信与信息保障、物资保障、应急队伍保障、经费保障和其他保障等。

（1）通信与信息保障。建立健全有线、无线相结合的基础应急通信系统，并大力发展视频远程传输技术，保障救援现场抢险与应急管理机构之间的通信畅通；做好与当地人民政府及有关部门的沟通联系，确保通信畅通。

（2）物资保障。各级运行管理单位根据现场实际情况，做好应急物资监测、预警、储备、调拨及紧急配送工作。加强对物资储备的监督管理，及时予以补充和更新。特殊物资应提前签订相关应急供应协议，保证及时供应。应急处置过程中的应急物资由现场应急指挥部统一计划调配。同时，了解地方政府的应急物资管理情况，必要时请求地方政府调拨。

中线公司应急抢险物资设备分为自有物资设备、社会物资设备和地方政府物资设备。自有物资设备有的存放于物资设备仓库，有的存放在现场备料点，主要有：块石、砂砾石反滤料、碎石、编织袋、复合土工膜、土工布、彩条布等。现场配备了应急抢险车、移动照明灯塔车、移动式发电机、水泵等抢险设备和工器具。社会物资设备是指各分公司对一些市场上丰富、容易采购、不宜长时间储存的物资设备，采取与企业号料方式进行储备，或者摸排调查周边市场物资供应地点情况，建立联系，需要时可就近联系随时采购。地方政府物资设备是指工程沿线省市应急管理部门储备的应急抢险物资设备，分公司与沿线省市地方政府应急部门建立了抢险物资互调机制，平时加强沟通联络，需要时可得到支援。

（3）应急队伍保障。各级运行管理单位要建立各类相应的应急队伍。充分依靠当地政府和有关部门的力量和作用。应急队伍建设应分为先期处置队伍、后续处置队伍、增援队伍，以保证应急队伍处置情况时的连续性。

（4）经费保障。突发事件处置经费纳入通水运行预算，应急经费实行专项拨付、专款专用。财务部门应按照突发事件处置要求，及时下拨经费。

（5）其他保障。一是各级运行管理单位充分利用社会应急医疗救护资源，支援现场应急救治工作。二是各级运行管理单位充分发挥保险在突发事件预防、处置和恢复重建等方面的作用。

2.4　中线工程应急管理的技术需求

2.4.1　风险监测与预警

中线工程规模巨大、技术复杂，跨越多省市，为了确保工程安全、高效运行，根据中线工程运行风险的特点，结合工程安全运行管理方式，建立适用的风险监测与预警系统是至关重要的。

1．中线工程运行风险的特点

首先，中线工程风险点的类型和数量多。中线工程穿越大小河流 701 条；工程涉及膨胀土渠道累计长度约 387km，约占输水干线总长的 27%，土体易受环境干湿变化发生胀缩作用；全线填方高度超过 6m 的渠段共长约 139.5km，最大填方高度达 23m，由于建设时缺少设计规范和施工期间填筑料源的差异，边坡存在稳定性问题；总干渠通过 10 多个煤矿采空区及煤矿区，地质活动和渗流共同作用会进一步加剧渠道和边坡的沉降速度；此外，全线缺少调蓄工程，北方冬天的低温不仅降低了冰期输水能力，也容易产生冰冻灾害，进而影响工程安全。

其次，这些风险点分布广泛，具有明显的广布型灾害风险特征。广布型灾害风险的描述最早见于《减轻灾害风险：2007 年全球评估》中，其定义为：分布广泛的风险，它们与分散的人口且暴露在重复出现或持续存在的中低强度致灾环境下有关，通常呈出明显的地区特点，能导致风险影响的积累。一般认为广布型风险的特点包括：分布广泛、频繁发生、低严重性、承灾体脆弱、具有累积效应。出于建造成本考虑，中线工程大部分渠段建造于农村或城市边缘地区。这些区域容易发生洪水、滑坡、地表塌陷等灾害，频频给工程带来不同程度的损伤。虽然这些损伤短时间内不会导致工程事故的发生，但如果不能及时有效地应对，各种问题的累积将突破工程的承载能力，最终给工程和周边社会群体造成严重的生命财产损失。

此外，中线工程风险的演化规律复杂。中线工程运行过程中出现的各类病害，可能由不同因素引起的。例如交叉建筑物的渗漏可能是因为止水破损，也可能是因为结构裂缝。而止水结构破损可能是多种原因导致的，包括：止水材料的自身老化、基础不均匀沉陷变形、结构形式不当、施工质量、人为破坏等等。同一种的风险因素在不同的工况下，也存在着不同的风险演化路径，以超标洪水导致的建筑物结构失稳为例，填方段边坡主要表现为漫顶，挖方段边坡主要表现为滑坡，渡槽主要表现为槽墩失稳，倒虹吸主要表现为河床防护失效，而暗渠主要表现为裹头冲毁。

2．风险监测手段

为了能够及时感知工程运行的风险态势，需要对一些环境因素、工况进行监测或观测，并根据数据分析的结果识别安全隐患。与其他水利工程类似，常见的风险监测手段包括工程安全监测和工程巡查。

（1）基于工程安全监测的结构内观异常识别。水利工程在运行过程受地质活动、极端天气、材料老化、洪水冲刷等因素影响，其自身结构安全性态可能发生变化，一旦出现边坡滑塌、结构失稳、建筑物倾覆等事故，不仅会中断调水工程的供水，还可能给附近区域带来巨大灾害。为了识别结构安全问题，工程在建设时会在结构内部安装一些物理量监测设备。这些设备包括监测工程运行环境的设备，如水位计、温度计等，这些物理量被称为环境量。以及监测结构随环境变化而产生的物理响应的设备，如位移、渗透压、应力应变等，这些物理量被称为效应量。效应量随环境量变化而变化，正常工况下二者呈现一定的关联规律。通过对安全监测数据的分析，可以识别结构安全性态是否存在异常。

（2）基于工程巡查的结构外观安全隐患识别。由于设备设施老化或工程养护不到位等原因，中线工程在运行期容易出现各类工程缺陷和运行管理问题，需要通过工程巡查活动及时发现这些问题。现地管理处安排巡查人员对渠段及周边的环境进行定期观察，当巡查人员发现有不符合运行管理规范或者有悖于经验认知的问题时，会将相关情况记录到台账中，并交由运行管理人员进行研判，进而识别安全隐患的类别和严重等级。同时，运行管理部门通过制定工程巡查规范，可以使得问题分类和分级工作更加合理。

3．风险预警技术

中线工程风险预警旨在通过提前识别、监测和评估潜在的风险，及时采取有效的防范和应对措施，将工程安全风险减少到合理的范围，其核心包括风险预测和评价两部分。风险预警常用的技术包括工程安全评价和风险评估。

（1）工程安全评价。工程安全性态是水利工程的重要风险因素。目前，工程安全监测预警系统的部署越来越广泛，相关的安全评价方法也较为规范和成熟。建筑物安全评价结果取决于各类测点的测量和检验，常用的检验方法包括定性分析法和定量分析法，检验结果分为正常状态和不正常状态两种。定性分析是对研究对象进行归纳与演绎、分析与综合，以及抽象与概括，主要依据监测结果、建筑物特点和工程师经验对测点的安全状态进行评价。定量分析可以从测值和测点的变化趋势两方面对测量结果进行评价，通过建立统计模型，利用环境量估计测点响应范围或预测测点的趋势进行检验。测点综合评价流程如图 2-3 所示。

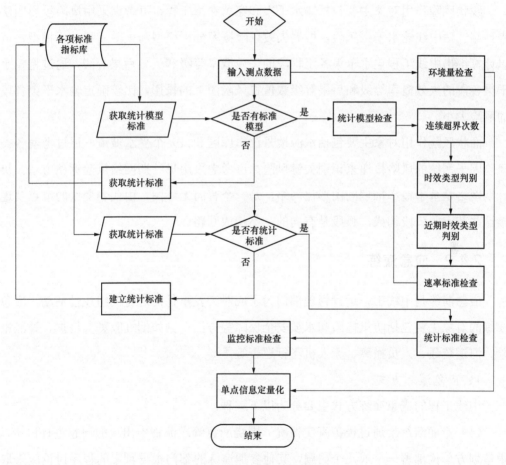

图 2-3 测点综合评价流程

（2）风险评估。风险评估能够从众多风险来源中找到可能造成重大损失的风险因素。在此基础上，根据各个风险的性质，评估其潜在影响，规划合理的风险管理对策，以尽可能地减少工程风险的潜在损失和提高对风险的控制能力。

首先，应准确识别南水北调中线工程的风险因素。如运行管理、工程结构、环境因素等，均可作为风险预警的主要警源。然后，在风险识别的基础上，采用相关方法进行风险的预测和评价。南水北调工程作为一个整体的风险作用对象，是一个由点、线、面三个子系统所组成的复杂巨系统，从风险作用对象的空间维度特性着手，根据该风险源的特点采取相应的方法对其运行风险进行预测评估。

点状风险作用对象包括河渠交叉建筑物、公路交叉建筑物和中线控制建筑物等，可考虑风险因子对建筑物的作用，采用层次分析法建立风险评价层次结构模型。其中，准则层的确定采用结构工程领域对安全性、适用性和耐久性三者重要性的判断。

线状风险作用对象主要包括输水干渠和穿黄穿漳工程，可考虑采用风险投影图法来预测评估中线输水干渠风险，根据失效风险概率分析模型和失效后果分析模型，可以计算得出中线工程输水干渠各工程段的失效概率等级和失效后果等级，通过将输水干渠各段的失效概率等级和后果等级数值在风险图上的投影，比较确定输水干渠各段的风险大小。

面状风险作用对象主要包括水源地丹江口库区和 19 个受水城市，通过考察各类风险因子系统的风险传递来识别关键风险，可考虑采用贝叶斯网络风险评估方法。贝叶斯网络是基于概率推理的图形化网络，是一个有向无环图，由代表变量的节点及连接这些节点的弧段构成，弧段是有向的，不构成回路。

2.4.2 应急演练

应急演练是中线工程运行管理部门为了应对突发事件而进行的组织性活动，应急演练的对象主要包括防汛抢险和水质安全保障等方面，例如倒虹吸裹头抢护、管涌抢险、河道疏通、人员撤离、无人机飞行巡查等。

1. 应急演练方式

中线工程的应急演练方式主要分为以下三种：

（1）桌面演练。通过模拟真实情况，围绕应急管理流程中出现的问题进行讨论，由策划方单位部署一个或几个问题，其他参加演练的部门根据预案的程序讨论应采取的处置方法，组织参与人员进行讨论和分析，评估应急预案的可行性，并制定相应的对策。

（2）实战演练。在实际场地进行模拟演练，例如模拟水位突然上升、设备故障等紧急情况，调用必要的应急设备，并在演练完成后要出具书面报告，检验应急预案的操作性和实施效果。

（3）联合演练。由多个相关单位共同参与，按照实际的应急预案，模拟从事故发生到恢复常态的全过程，评估各种复杂情况下各单位之间的沟通协作能力和协调工作的效果。

2．应急演练的作用

中线工程应急演练的作用主要分为以下几点：

（1）培训抢险人员。演练可以提供实际操作的机会，使参与人员熟悉应急预案，掌握应对紧急情况的技能和知识。在应急演练中突出演练内容的针对性、演练方式的实战性，使演练取得实效。

（2）提升应急响应能力。通过模拟真实情况，演练可以让管理人员和工作人员了解危机处理的流程和步骤，结合应急演练与日常应急管理，切实把应急演练的成果运用到应急管理各项工作中，增强应对突发事件的能力。

（3）检验应急预案。通过演练，可以评估和验证应急预案的可行性、可操作性、合理性和科学性，发现和修正潜在的问题，并针对演练暴露出的问题和不足制定整改措施，提高应急响应的效率。

（4）探索问题解决方案。应急演练中可能出现各种问题和挑战，通过解决这些问题，可以总结经验教训，优化应急预案，增强应急联动机制，强化应对突发事件快速反应能力。为今后应对相同的突发事件积累经验，也为应对相关和类似突发事件提供了经验借鉴。

2.4.3　应急决策

南水北调工程运行过程中，面对突发事件、紧急情况或不可预见的情况，中线工程管理部门通过应急决策手段制定和执行相应的决策和措施，保障工程的稳定运行和人民生命财产安全。应急决策的目的是迅速应对和处理各种紧急情况，最大限度地减少损失和影响，确保工程的正常运行和供水安全，涉及水资源调度、水质保护、工程设施安全等多个方面。

南水北调中线工程的应急决策思路如下：首先，在出现突发情况和紧急事件后快速收集整理、分析事故初始信息，明确当前事故状况，评估紧急情况的性质、规模和影响，确定事故的响应等级和处置目标，对可能引发的风险进行评估，采取有效措施进行风险控制，最大限度减少损失。其次，根据专项应急预案制定事故的处置方案，启动相应的应急预案，组织人员实施方案，采取措施限制事态发展，及时向上级主管部门和相关单位汇报情况，充分利用信息化技术，建立健全的信息平台和指挥系统，确保信息的及时、准确传达，提高决策的科学性和准确性。接着根据事故的发展演变，调集必要的人员和物资，开展紧急处置工作，同时对决策方案进行动态调整直至事故结束的过程。在处理过程中与相关部门和单位进行协调，共同应对紧急情况，充分发挥各方优势，形成合力，共同保障南水北调工程的安全稳定。最后，在紧急情况得到控制后，终止应急决策方案，对应急处置工作进行总结评估，发现问题并改进预案，提高应急管理水平，不断完善应急预案和措施。

1．应急决策方法

南水北调中线工程在实际运行管理过程中的决策方法包括以下几方面。

（1）情景应对决策方法。首先确定可能出现的各种紧急情景，如干旱、洪水、设施故障等。针对每种情景，制定相应的应对措施和预案，包括人员调度、设备调配、水源调整等。在实际发生情景时，根据实际情况选择最适合的预案进行应对，确保中线工程安全稳定运行。

（2）多属性方案决策方法。对于复杂的应急情况，可能存在多种可行的决策方案，此时可以采用多属性方案决策方法进行权衡和选择。首先明确各种方案的目标和影响因素，包括成本、效益、风险等。对每种方案进行评估，给出各项属性的权重，并计算综合得分，最终选择得分最高的方案作为决策结果。

（3）专家咨询决策方法。针对特殊或复杂的情况，邀请相关领域专家进行咨询，以获取专业意见和建议。在应急决策过程中，专家咨询可以提供有力支持，确保决策的科学性和有效性。

2．应急决策特点

由于南水北调中线工程运行安全事故存在突发性、多样性、后果严重性、时间紧迫性、主次灾害并存等特点，南水北调中线工程的应急决策主要有以下特点。

（1）多级部门共同参与。由于南水北调中线工程运行安全事故的多样性与复杂性，造成其相应的处置方案需要根据当地的实际情况来制定，而现场处置方案的确定需要多级部门的共同参与；另外，具体处置方案的实施，需要应急处置人员与各级管理单位进行协调沟通，并与当地政府、消防、医疗等部门展开积极合作。因此，各部门的协同参与是否积极有效将对南水北调中线工程运行安全事故的应对产生重大影响。

（2）动态决策。应急决策是针对突发事件或紧急情况而制定的，具有不可预见性和紧迫性。由于南水北调中线工程运行安全事故的应急决策面对的是动态变化的环境，相关决策者必须仔细考虑运行安全事故的发展状况，并根据事故演变的实际情况，积极调整应急处置方案。

（3）决策事件信息的模糊性。当南水北调中线工程发生运行安全事故之后，需要工作人员快速搜集整理运行安全事故信息，对运行安全事故问题类型、问题等级进行快速预判，尽可能保证事故信息的描述精简有效。同时，由于事故现场状况瞬息万变，所处管理单位应当在发生或确认即将发生运行安全事故时，根据所掌握的不完备信息和已有经验，及时地向上级报告事故状况，并立即启动相关应急预案，采取对应的措施控制事态发展，防止事故的危险性继续扩大。

2.4.4　应急管理平台

突发事件应对具有综合性、协调性，从技术层面讲，应急管理需要以通信和计算机系统为依托，将管理范围内跨越多个管理域、具有不同体系结构的各种应用系统综合集成为具有单一体系结构的系统。这种利用了多种通信手段、整合了多种信息资源、蕴涵了多种事件模型所形成的应急系统的集合就是应急管理平台。

应急管理平台建设是南水北调中线工程维护工作状态的有效手段，对于保障中线工程的正常运行具有重要意义。在此方面，南水北调中线公司积极推进工程运行信息化建设工作，在信息化基础设施和业务应用建设等方面取得了显著成效，自动化调度和运行决策支持系统基本覆盖各生产环节和业务领域，有力支撑了中线运行管理的业务需要，同时中线公司也积极推动了物联网、人工智能、云计算、大数据等新一代信息技术在中线工程的试点应用。

在平台数据支撑方面，基于中线工程的业务需求和实际情况，中线公司建设了中线工程时空信息服务平台，积累了基础空间数据、工程数据、专题业务数据、运行状态数据、BIM 信息及无人机三维实景数据，并以时空信息服务方式进行融合发布。同时建设了数据管理及治理平台，具备数据汇聚、存储、开发、服务以及平台管理功能。建立了适应南水北调中线工程运行特点的制度标准体系和流程管理体系，为保障工程安全、高效运行、持续有序推进中线标准化规范化建设奠定了坚实基础。

在应急通信方面，南水北调中线应急管理平台中各种系统功能均连接在通信主干网即自动化调度系统网络的业务内网上。根据现地站条件数据传输采用两种方式：一种是有线通信，即通过自动化调度应急管理平台网络的业务内网传输；另一种是通过移动网络无线通信，即通过移动公司的通用分组无线业务连接到应急管理平台网络实现数据传输。

在平台功能方面，应急管理平台服务于南水北调中线干线总公司、分公司、管理处三级用户，为各级用户提供管辖范围内安全监测数据采集、实时状态查询、报警管理、安全监测状态分析、监测数据管理、综合信息查询以及基础信息管理等业务。

在系统应用方面，中线公司建立了工程巡查维护实时监管系统、工程安全自动化监测系统、防洪信息管理系统、安全风险分级管控系统、闸站视频监控系统等主要业务系统，形成问题及风险发现—上报—处理—消缺的闭合环，具备工程安全问题预警能力。对过水断面以上的设备设施，以工程巡查系统、安全监测系统和视频监控系统为主，形成了主动、常态排查安全隐患的工作机制，实现工程结构安全"四预"应用。

南水北调工程作为国家水网骨干网的重要组成部分，其应急管理平台的建设和相关技术应用施最大限度地减少了人员伤亡和财产损失，降低了环境的负面影响，避免了不良社会影响事件发生，确保供水安全，为安全调水提供保障。

第3章　中线工程安全风险智能预警

中线工程通过工程安全监测和工程巡查等活动来发现工程运行过程中存在的安全隐患问题，若识别到比较严重的隐患，还需进一步评估危险源的风险等级，并根据风险评估结果考虑是否采取处置措施。这些研判和分析工作的开展依赖于运行管理人员的知识和经验，不仅费时费力，也容易受主观认知的影响出现误判。工程安全大数据具备大数据的"4V"特性，通过构建大数据挖掘分析方法可以替代人工进行数据的分析研判，实现智能预警。

本章在中线工程现有信息化建设的基础上，充分利用机器学习、深度学习等人工智能技术具有自适应学习的特性，构建数据驱动的中线工程安全风险智能预警方法，从监测巡查数据中自动识别各类工程隐患及其严重级别，并对风险区域和对象进行动态评估，从而支撑应急管理工作重心从"事后抢险"到"事前预防"的转变。

3.1　基于工程安全大数据的风险预警概述

3.1.1　数据驱动的风险预警的理论依据

自古以来，人类就发现事故的发生和发展具有不确定性，所谓"天有不测风云，人有旦夕祸福"，人们在理解和探索这种不确定性的过程中，衍生出了风险的概念。经济学研究发现，大多数人是风险厌恶型的，喜欢追求长期稳定的收益，人们对感知和度量各项活动中的风险抱有迫切需求。

风险的定义有很多种，最早书面定义出现在19世纪末西方经济学研究中。1895年，美国经济学家J.Haynes在其著作《Risk as an Economic Factor》中将风险定义为"损失的概率"，这一经典的定义广泛影响了其他领域的相关学科发展。由于风险的度量受限于研究对象所处的环境，在保险学中，风险被定义为"在一定客观条件下，某种损失发生的不确定性"。本书采用风险研究中最常见的定义，即"遭受损失的客观不确定性"。该定义直观地体现了人们在理解风险概念时所关注的两个本质属性，一个是事故发生的可能性（Probability），另一个是事故造成的损失后果（Consequence），风险是两个属性的融合，因而许多学者也直接用"Risk=Probability·Consequence"来描述风险的概念。同时，本书所关注的风险不确定性是客观存在的，即可以通过合理的方式进行测量或估算。

通过发现事故的发生和发展规律，可以为提前感知风险，避免或减少事故的损失提供理论依据。许多学者尝试探索描述事故发生不确定性机制的理论，其中最为经典的是事故致因理论。该理论认为事故的发生都是由特定危险源中的能量意外释放导致的，而危险源中能量释放的不确定性可以用"奶酪模型"来解释，如图3-1所示，各种安全隐患以奶酪片中的"孔洞"形式存在，当危险源状态的变化轨迹像一束光一样穿过"孔洞"时，事故得以发生。由此可以看出，危险源的存在是事故发生的根源，而事故发生的可能性是由安全隐患的数量和严重程度所决定。因而，为了及时对事故风险进行预警，就需要通过各种手段识别危险源、发现存在的安全隐患，并合理地评估风险量值。在必要的情况下还需要采取措施来消除、转移、削弱安全隐患，从而减少事故发生的可能性或严重性，使得事故风险等级处于可接受水平或者可容忍水平。

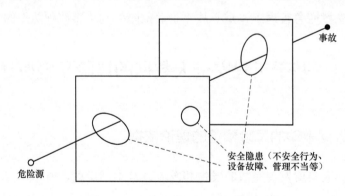

图 3-1　基于"奶酪模型"的事故致因理论

3.1.2　工程安全风险智能预警框架构建

2016年，国务院安委会印发了《关于实施遏制重特大事故工作指南构建双重预防机制的意见》，其中要求各类企业要科学评定安全风险等级，有效管控区域安全风险。

2021 年，该意见内容被正式写入修改后的《中华人民共和国安全生产法》，其中提到主要负责人要组织建立并落实安全风险分级管控和隐患排查治理双重预防工作机制（以下简称"双重预防机制"）。风险分级管控和隐患排查治理在实际开展时并非严格的前后顺序关系，而是将隐患排查治理融入风险管控的过程，驱动风险管理的动态开展。评价分级的过程包含了隐患排查的过程，即对风险点的现有管控措施进行全面排查：措施是否齐全、是否处于良好状态，如果风险现有管控措施有缺失或缺陷，即存在了隐患，可能会构成较大或重大风险，影响风险分级结果。在风险管控的过程中，包含了对发现隐患的治理及对风险点现有管控措施的全面、持续的隐患排查，及时发现隐患及时治理，保证风险随时处于可接受的范围内。这表明，对风险分级管控与隐患排查治理两项工作进行智能化改造，是实现工程安全风险智能预警的关键。

本书针对中线工程安全风险预警存在时效性不足、分析研判不准确等问题，基于"双重预防机制"构建水利工程安全风险智能预警框架，如图 3-2 所示。该方法利用人工智能技术实时分析工程安全监测和巡查数据，识别工程的内外观安全隐患，并构建和利用工程安全风险评估规则库进行风险推理，给出相关对象的风险评估结果，进行分级预警。可以看出，本书提出的工程安全风险预警方法充分借鉴了"双重预防机制"的工作思路，通过对动态数据的研判和评估来感知工程现有风险，提升中线工程风险管理的有效性。"双重预防机制"是安全风险管理标准化的重要组成部分、核心要素，本研究在厘清安全隐患、危险源、风险等概念内涵的基础上，构建科学的数据分析与信息处理流程，对"双重预防机制"在中线工程安全风险管理中进一步推广和落实有重要的实践价值。

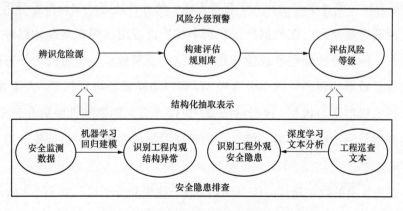

图 3-2　水利工程安全风险智能预警框架

如本书 2.4.1 节所述，在日常的安全隐患排查工作中，主要采用两种方式发现安全隐患，包括工程安全监测和巡视检查。在相关数据的采集和分析上，安全监测利用埋设在工程内部的传感器来对表征结构形态的物理量（效应量）及对其有影响的环境量进行监测，一般由具有工程结构专业背景的工程师来分析监测数据，并判定结构是否正常。工程巡查通过安排巡查人员每天到水库等建筑物周围和室内进行检查，然后通过手机 App 将发现的异常描述上报，经由运行管理人员研判后，判定安全隐患的类型和严重等级。根据上述隐患识别原理，构建数据挖掘分析方法，可以自动识别各类工程安全隐患，并推送给运行管理人员用于后续的风险评估工作。

在风险评估和预警工作中，危险源是事故发生的根源，即首先要识别出安全隐患所属的危险源对象和类别，然后利用风险评估相关领域知识对潜在的事故、可能性和后果严重性进行分析。最后，采用统一的计算方法得到风险度评价结果，并划分风险的等级。风险评估工作涉及大量知识和经验的运用，运行管理单位根据工程特性编制《危险源辨识与风险评价导则》作为风险评估的主要依据，本方法对这些规则进行抽取、表示，并用于风险推理。

3.2 工程安全监测异常识别模型

3.2.1 基于安全监测数据的结构异常识别原理

基于安全监测数据的结构异常识别旨在通过挖掘历史数据的统计分布，建立统计模型描述结构的响应规律，并用于识别结构安全性态。构建统计模型所用到的方法包括统计特征方法、统计学方法和人工智能方法。统计特征方法如标准差分析和拉依达准则等，因其简单易行，在数据异常识别中被广泛应用，但在复杂数据环境中其效果可能有限，特别是在处理非线性和高维数据时表现较弱。改进的统计方法结合环境量与效应量数据构建条件概率分布模型，可以更精确地识别粗差。人工智能方法，包括基于树的机器学习模型、神经网络等，凭借其强大的非线性映射和自学习能力，在异常识别中显示出巨大潜力，能够自动发现数据内在规律，显著提升异常识别准确性。

异常识别常用的数学建模方法是回归方法，建模和分析过程如图 3-3 所示。首先，整理工程安全的历史监测数据，并根据先验知识或数据分析结果选择影响结构效应量变化的环境因素；然后，基于统计建模方法构建效应量回归模型，并使用回归模型估计待测试的监测数据；最后，根据效应量估计结果与实际测量结果的偏差判断结构是否异常。可以发现，在异常识别过程中，所采用的回归建模技术对异常识别性能影响最大，例如回归模型的设计和学习方法的选择。

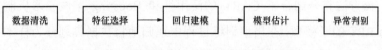

图 3-3　基于回归的异常识别建模流程图

基于回归的结构异常识别原理在于，工程结构效应量由各种环境因素对结构所施加的荷载形成，该物理过程使得环境量与效应量的变化存在一定的结构响应规律。尽管工程结构仿真理论和工具比较成熟，但由于工程所处边界条件复杂且变化，物理仿真方法往往无法给出比较准确的参考值，研究和实践中更多依靠统计模型来描述这种规律。回归建模假设环境量 x 以荷载 $f(x)$ 的形式直接影响效应量 y 的变化，通过对历史数据进行回归建模，可以构建结构响应模型 $y=f(x)+u$，并识别不满足条件分布 $P(y|x)$ 的样本为异常数据。统计模型在建模时通常把环境变量作为影响因子，然后构建工程效应量的回归预测模型。一个常见的回归模型通常表示为：

$$y = \delta_{\mathrm{H}} + \delta_{\mathrm{T}} + \delta_{\theta} + u \tag{3-1}$$

式中：y 代表效应量；δ_{H} 代表水力荷载分量；δ_{T} 代表温度分量；δ_{θ} 代表时间分量；u 代表模型残差。为了改善每个分量的物理可解释性和效应量的预测准确度，大多数研究者在建模时会关注环境变量的选择、每个分量的特征表示、回归模型的计算过程，以及环境变量之间的多重共线性分析等。

不难看出，基于回归建模的异常识别方法具有严格的假设，因此在识别结构异常方面比较可靠，得到了广泛的研究和应用。然而，环境和响应量之间的响应机制复杂，工程安全监测数据的非线性特征和非平稳性质使得使用简单的统计建模技术构建合理的回归模型十分困难。近年来，机器学习技术的引入改善了这种情况。机器学习模型不仅为数据拟合提供足够的参数，而且提供了高效的优化方法来学习变量之间的复杂相互作用，从而具有更高的预测准确性。此外，机器学习方法具有自适应建模的特点，很大程度上简化了回归建模过程，减少了相关的人力和财力投入。

3.2.2　结构异常识别模型构建

本书以中线工程典型建筑物的结构异常识别模型构建为例，使用各工程安全风险因子所关联的环境量与效应量测点历史监测数据，基于梯度提升树模型（Boosted Regression Tree，BRT）构建效应量回归模型，并结合"3 西格玛"准则实现对结构异常数据的识别。

BRT 是一种基于分类回归树（Classification and Regression Tree，CART）的集成学习方法，该方法充分结合了 CART 的泛用性和 Boosting 集成学习机制的有效性。CART 作为 BRT 的子模型，在模型训练过程中递归地将数据集划分为样本数较小的子集，直到满足某些停止条件，如最小样本数或最大树高度。BRT 模型在训练阶段使用数据集 $R = \{(x, y)\}$ 构建 M 个 CART 树，在预测阶段对每个决策树的估计值求和作为 BRT 最终预测值，即

$$f(x) = \frac{1}{|C_m|} \sum_{x_i \in C_m} y_i, \ m = 1, 2 \cdots M \tag{3-2}$$

式中：C_m 表示第 m 个决策树所划分的样本子空间；$|C_m|$ 表示 C_m 中的样本数量。$\overline{C_m}$ 为样本空间 C_m 的样本均值。每个决策树的训练都以最小化均方误差（Mean Squared Error，MSE）作为目标函数，即

$$\min \sum_{m=1}^{M} \sum_{x_i \in C_m} (\overline{C}_m - y_i)^2 \tag{3-3}$$

决策树训练时递归地将数据集划分为 $R_1(j, s) = \{x \mid x_j \leqslant s\}$ 和 $R_2(j, s) = \{x \mid x_j > s\}$。每次划分子集时，CART 算法使用贪婪策略选择寻找一个样本，该样本的特征 j 和特征值 s 满足最小均方误差划分条件：

$$\arg\min_{j, s} \sum_{x_i \in R_1(j, s)} (y_i - \overline{C}_1)^2 + \sum_{x_i \in R_2(j, s)} (y_i - \overline{C}_2)^2 \tag{3-4}$$

式中：估计值 $\overline{C}$ 是每个子节点中包含的样本的标签 y 的均值。在构建了决策树 h 之后，为了避免过拟合，常用的正则化技术是通过剪枝来减少决策树的复杂性。正则化损失函数 $L(h)$ 为：

$$L(h) = \text{MSE}(h) + \alpha |h| \tag{3-5}$$

式中：$\text{MSE}(h)$ 是 h 估计的样本的均方误差；$|h|$ 是叶节点的数量；α 是预定义的正则化权重，用于权衡不同的损失。剪枝过程从每个叶节点向上遍历，如果删除父节点后正则化损失函数变小，则修剪父节点。

CART 算法可以处理连续变量和离散变量，因此可以处理各种类型的数据集。然而，决策树作为弱分类器的拟合能力非常有限。BRT 根据 Boosting 机制进行多轮训练，

每次构建一个决策树 $h_i(x)$ 之后，模型的回归函数为 $f_i(x)=f_{i-1}(x)+\lambda h_i(x)$，其中 λ 是学习率。此时，样本的拟合残差 $u_i=y-f_i(x)$ 正好是回归模型 $f_{i+1}(x)$ 的梯度，作为下一轮决策树训练的新数据标签 y_{i+1}。

模型训练过程中的超参数包括最大迭代次数 M、最小叶子样本数 L_{leaf}、最大树深度 M_{tree}、正则化权重 α 和学习率 λ，需要在模型训练过程中经验性地设置。决策树构建过程可以连续使用不同的特征进行子空间划分，因此可以更好地挖掘变量之间的交互效应，且相对于神经网络更容易解释。然而，更多的决策树意味着模型的解释变得更加困难，因而需要一些复杂的模型解释工具来理解。

3.2.3　案例分析

以某暗渠建筑物为例，其监测断面的传感器布置如图 3-4 所示。

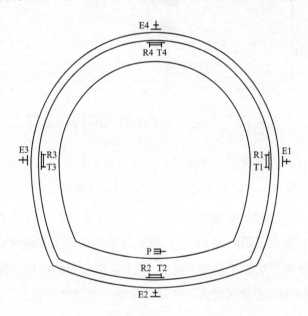

图 3-4　某暗渠监测断面的设备布置

利用该建筑物自 2018 2020 年的监测数据，分别对钢筋计、渗压计、位移计、测缝计构建回归模型，所有测点在回归训练过程中使用相同的超参数，包括均方误差形式的损失函数、最大迭代次数 M 为 50、最小叶子样本数 L_{leaf} 为 5、最大树深度 M_{tree} 为 3、正则化权重 α 为 1.0 和学习率 λ 为 0.1。

构建回归模型后使用 SHAP（SHapley Additive exPlanations）来解释测点的结构响应规律，SHAP 是一种基于 Shapley 值的模型解释方法，Shapley 值源自合作博弈理论，假设在一个由多个成员共同参与的活动中，所有成员集合 N 中的一个成员子集 S 形成一个联盟，其贡献值为 $v(S)$，则成员 i 在联盟中的边际贡献为 $v(S \cup \{i\}) - v(S)$。SHAP 将机器学习回归模型中每个输入特征视为成员，采用可加性的方式来描述每个成员在回归分析中的贡献。以某钢筋计的测点的回归模型解释为例，结果如图 3-5 所示。BRT 模型解释钢筋应力的主要来源依次为土压力（$E3$）、水位（P）、时间（t）和温度（$T3$）。其中，土压力对钢筋应力的影响最大，暗渠中水位的影响次之，与时间相关的混凝土徐变效应对钢筋应力产生了一定程度的影响。相比这些因素，温度对钢筋应力的影响最小。

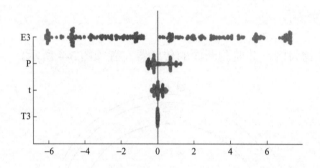

图 3-5　某钢筋计 BRT 模型的 SHAP 解释图

回归方程 $f(x)$ 训练完成后，可以用于执行异常识别任务。使用 $\hat{y} = f(x)$ 得到待测试的环境数据 x_i 的标签 y_i，如果满足式 $|y_i - \hat{y}_i| > 3\sigma$，则将数据 (x_i, y_i) 判定为异常。σ 是回归模型 $f(x)$ 的残差在验证数据集中的样本标准误差。该判别规则的基本原理是，如果 $f(x)$ 很好地学习了映射 $x \rightarrow y$，则正常数据的样本残差应满足均值为 0、标准差为 σ 的正态分布。从统计意义上来说，3σ 是指实测数据与所预测的标签值的差距在模型 $f(x)$ 的约 95% 置信区间内，这是异常识别中的常见设定。从工程角度来说，当实际测量的效应量超过异常判别范围时，表明结构受到无法解释的荷载，即当前结构可能存在异常。使用所构建的回归模型对 2021 年 1 月的监测数据进行异常识别，部分结果如图 3-6 所示。该建筑物典型测点的异常识别结果图中黄色过程线为预测值，蓝色过程线为实测值，蓝色过程线中位于绿色过程线以外的部分为异常数据。其中图（a）是某位移计的预测识别过程线；图（b）为某钢筋计预测识别过程线，识别出了一处明显钢筋应力异常点；图（c）为某测缝计预测识别过程线；图（d）为某渗压计预测识别过程线。

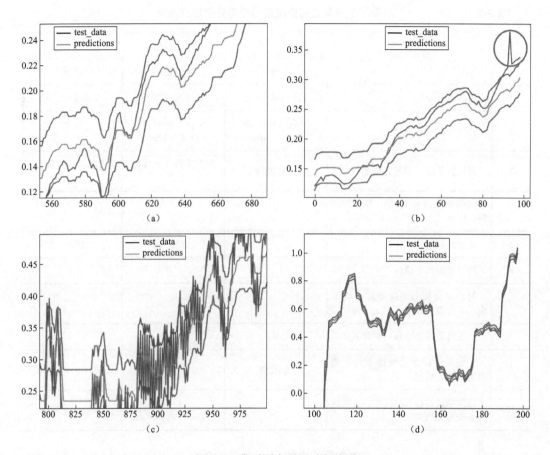

图 3-6　典型测点预测过程线图

（a）位移计预测过程线；（b）钢筋计预测过程线；（c）测缝计预测过程线；（d）渗压计预测过程线

3.3　工程巡查文本判别分析模型

3.3.1　基于深度学习的巡查问题判别原理

中线工程运行管理过程中，不断有人员对工程运行状况进行巡查，并在发现问题后以文本的形式提交给运行管理人员。工巡人员发现问题类型包括设备设施故障、安全隐患、工程缺陷、运行管理等，每条巡检问题文本长度为 18～50 字。运行管理人员根据问题的描述内容，以及问题对工程安全运行状况的影响，对其进行分类和分级，常见巡查问题分类分级规则示意见表 3-1。

表 3-1　　　　　　　　　　渠道工程常见巡查问题的分类分级规则示意

序号	检查项目	问题等级		
		一般	较重	严重
1	衬砌板裂缝	设计水位以上	设计水位以下	影响安全运行
2	衬砌板冻融剥蚀	面积<50m² 或深度<5mm	面积>50m² 或深度>5mm	影响安全运行
3	衬砌板下滑、塌陷、拱起	挖方渠段	填方渠段（一块面板）	填方渠段（两块及以上面板）
4	衬砌板聚硫密封胶、聚脲等开裂、脱落	√		
5	逆止阀堵塞、损坏	√	3≤连续<6 个	连续≥6 个
6	防洪堤坍塌、溃口			√
7	衬砌封顶板与路缘石间嵌缝不饱满、开裂、脱落	√		
8	一级马道以上边坡防护体损坏	√		
9	一级马道以上边坡排水沟或截流沟淤堵、破损	非汛期	汛期	
10	边坡加固结构（坡面梁、抗滑桩等）变形或失效		√	影响安全运行

经过一定时间的运行，巡查系统会记录一些经过标注的历史巡查数据，这些数据中暗含了工程巡检过程中各类问题的分类分级规则，因而可通过人工智能技术进行学习。基于自然语言处理技术研发工程巡查文本研判分析模型，可以替代人工进行问题判别，及时识别严重的工程隐患。

在自然语言处理领域，该问题被认为是一种文本分类任务，学者们在研究上积累很多方法。早期由于搜索引擎技术的成熟，传统的文本分类问题常使用人工特征工程和浅层分类模型的方法，如 TF-IDF 文本分类。随着深度学习技术的发展，机器渐渐能够掌握自然语言中的深层次特征和词语间复杂相关性，其中层出不穷的文本表示新方法（如词嵌入）和预训练模型的引入，都使得文本分类性能有了较大的提升。

3.3.2　工程巡查问题判别模型构建

本书基于卷积神经网络模型 TextCNN，建立工程巡查问题分类分级模型，实现对工程缺陷和运行管理类风险因子事件的识别，如图 3-7 所示。卷积神经网络是对神经网络中的每一层数据先进行卷积运算，然后用非线性激活函数对卷积输出进行转换。卷积过程中对每一层应用不同的卷积核，每一种卷积核可以理解为对文本的一种特征进行提取，然后将多种特征进行汇总，每层卷积操作都是为了提取出更高级的语义特征。TextCNN 的输入是一句话所构成的词向量，每一行代表一个词的词向量，在处理文本时，卷积核的宽度与词向量的宽度相同，卷积核通常覆盖相邻的词，通过这样的方式，我们就能够捕捉到多个连续词之间的特征。

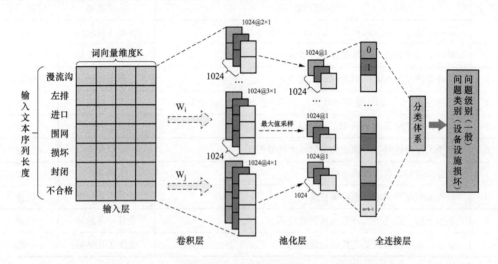

图 3-7　基于 TextCNN 的工程巡查文本分类分级模型

词向量的维度是固定的，相比于早期的 One-Hot 编码维度更小，且语义相近的词汇在词向量空间会更加接近。令 $x_i \in R^k$ 为句子中第 i 个单词对应的 k 维词向量，一个句子的长度被表示为 $x_{1:n} = x_1 \oplus x_2 \oplus \cdots \oplus x_n$。其中，$\oplus$ 是连接操作符。一般来说，让 $x_{i:j}$ 表示词 $x_i, x_{i+1}, \cdots, x_j$ 的连接。卷积操作涉及一个过滤器 $w \in R^{hk}$ 它被应用到一个有 h 个单词的窗口，产生一个新的特征。例如，特征 c_i 是由词 $x_{i:i+h-1}$ 组成的窗口生成，即 $c_i = f(w \cdot x_{i:i+h-1} + b)$。式中，$b \in R$ 是一个偏差项，f 是一个非线性函数，例如双曲正切。将此过滤器应用于句子 $\{x_{1:h}, x_{2:h+1}, \cdots, x_{n-h+1:n}\}$ 生成特征图 $c = [c_1, c_2, \cdots, c_{n-h+1}]$。式中 $c \in R^{n-h+1}$，然后在特征图上应用最大超时池化操作（max overtime pooling），并将最大值 $\hat{c} = \max\{c\}$ 作为输出。TextCNN 的最后一层为全连接的 Softmax 函数层，输出为每个巡检问题类别或等级的概率，即选最大概率的类别作为巡检文本的预测结果。

3.3.3　案例分析

本书使用某调水工程管理处 2018—2021 年的 65653 条历史数据进行模型训练和

验证，将历史数据集随机打乱，并以 7:3 的比例划分为训练集和测试集，该实验有 45957 条巡查数据用于模型训练，有 19696 条数据用于分类性能测试。这些巡查数据根据问题类别被标记为环境安全、工程缺陷、管理用房问题、室外设备故障等类别，根据问题严重等级被标记为轻微、一般、较重和严重，部分数据示意见表 3-2。

表 3-2 工程巡查问题描述与分类分级结果示意

序号	问题描述	问题类型	问题等级
1	某倒虹吸出口自动化室交流配电柜柜门指示灯不亮	管理用房问题	一般
2	某桥左岸挖方段二级马道以上边坡变形	渠道工程缺陷	严重
3	某公路桥左岸下游，钢大门离地过高	环境安全	轻微
4	某桥左岸上游 150m 处有 2 块面板下部冻融剥蚀约 8m×0.3m	渠道工程缺陷	较重
5	某生产桥左岸下游 50m 处，截流沟出现 2m 裂缝	渠道工程缺陷	一般
6	某桥上游防抛网处，禁止钓鱼警示牌铆钉脱落	环境安全	轻微
7	某分水口有垃圾漂浮物需打捞	水质安全	一般
8	某控制闸柴油发电机室墙面脱落	管理用房问题	轻微
9	某桥下游二级马道沉降测点保护盒脱落	室外设备故障	一般
10	某左排渡槽槽身有 2 块挡板出现锈蚀	交叉工程缺陷	一般

模型训练过程中使用 jieba 分词作为分词工具，Word2Vec 作为词向量训练工具。问题信息经过分词之后进入 Word2Vec 模型进行训练，TextCNN 模型的输入为训练后的词向量模型，输出为每条问题数据的分类分级结果。经过训练后，模型在测试集上有不错的表现，问题分类的准确率为 89.6%，问题分级的准确率为 85.45%。部分问题分级模型测试样例见表 3-3。

表 3-3 工程巡检问题分级模型测试样例

问题描述	真值	预测结果
某生产桥左岸上游钢大门处一片围网离地过高	较重	较重
某生产桥右岸上游 100m 处排水槽风化	一般	一般
某管理用房的加热装置不加热	轻微	轻微
某东公路桥右岸上游 350m 处，两片围网顶部损坏	较重	较重
某倒虹吸出口裹头外坡水位尺漆皮脱落约 1.7m×4m	一般	一般
某倒虹吸出口右岸上游侧，一片围网离地过高，并且少一根基柱	较重	较重
某倒虹吸出口裹头一处隔离网下部存在一处缺口，缺口宽度为 15cm	轻微	轻微

3.4 风险智能评估预警模型

3.4.1 基于命名实体识别的危险源辨识

工程安全危险源是指在工程运行管理过程中存在的，可能导致人员重大伤亡、健康损害、财产损失或环境破坏，在一定的触发因素作用下可能转化为事故的根源或状态。危险源辨识是对可能产生危险的根源或状态进行分析，识别危险源的存在并确定其特性的过程。在本章 3.2 节和 3.3 节介绍各类安全隐患的基础上，识别出隐患所影响的危险源对象及类型，才能估计工程面临事故风险及其属性。

命名实体识别（Named Entity Recognition，NER）是自然语言处理领域的常见任务，通常解释为从一段非结构化文本中，将那些人类通过历史实践规律所认识、熟知或定义的实体识别出来，根据现有实体的构成规律发掘广泛文本中新的命名实体的能力。实体是文本中意义丰富的语义单元，识别实体的过程分作两阶段，首先确定实体的边界范围，再将这个实体分配到所属类型中去。

巡查文本中包含大量的水利专业名词，且由于巡检人员知识或习惯不同，对同一种现象可能有不同的描述方法。如"54800 部队桥"常被表述为"54800 桥""部队桥"等。另外，失效设施的巡检文本中常有数字和文字掺杂的情况，如"2 级马道"和"二级马道"。由于巡查人员记录详细程度的差异和问题复杂性不同，巡检文本长度差别很大，从几个字到几十个词。输入操作过程中的失误导致巡检文本中有错别字情况。上述这些问题给 NER 模型构建带来了很大的困难。本书选取 BiLSTM-CRF 作为命名实体识别任务的模型，模型结构如图 3-8 所示。

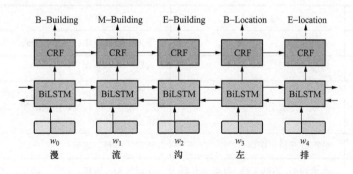

图 3-8　工巡问题特征识别模型结构图

图中 w_0、w_1 等代表字嵌入构成的向量。字嵌入是随机初始化的向量。这些词向量将作为 BiLSTM-CRF 模型的输入，输出为句子中每个单元的标签。BiLSTM 层会输出每个标签的预测分值，效果如图 3-9 所示。

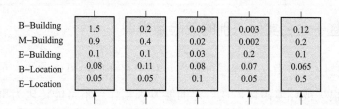

图 3-9　工巡问题特征识别模型输出示例图

例如，对单元 w_0，BiLSTM 层输出的得分是 1.5（B-Building），0.9（M-Building），0.1（E-Building），0.08（B-Location），0.05（E-Location）。这些分值将作为 CRF 的输入。CRF 层作为最后预测的输出层。起到对预测结果标签约束的作用，以保证预测的标签是合法的。例如在训练过程中句子的第一个词总是以 B-标签开头，以 E-标签结尾。B-Building 标签后面连接的一定是 M-Building 或者 E-Building。但是 B-Building 后面连接 M-Location 是非法标签序列。在训练中 CRF 层将会学习到这些约束特征，从而大大降低了非法序列出现的概率。

3.4.2　基于模糊逻辑的风险评价

在识别危险源的基础上，结合工程经验和相关规范，可以预测潜在的风险，并进一步完成风险评价，以水利部和水利工程运管单位编制的《危险源辨识与风险评价导则》为例，常见危险源和事故风险属性见表 3-4。

表 3-4　　　　　　　　　　输水建筑物危险源风险评价表示意

序号	危险源	事故诱因	事故后果	L 值	S 值
1	进水口	不良地质	变形、结构破坏、失稳、围岩坍塌	1～3	1～6
2	前池	渗漏	漫溢、开裂破坏	1	1～6
3	渠坡	洪水、排水受阻	渠道漫溢或溃决、边坡冲刷、边坡失稳、滑坡、泥石流、渠道淤积、水质污染	1～3	2～5
4	管道	变形、开裂、沉降	渗漏、失稳、爆管	2～3	2～4
5	渠道	水流冲刷、地基失稳、混凝土开裂、止水失效、渗漏	渠道失稳、破坏、淤积、堵塞、供水中断、水体外泄、冲淹	1～3	1～6

续表

序号	危险源	事故诱因	事故后果	L 值	S 值
6	隧洞	洪水、不良地质、地基失稳、止水失效、渗漏、地下水入渗	结构破坏、裂缝、剥蚀、空蚀、供水中断、水质污染	2~4	1~6
7	地基	软弱底层、地形条件改变、地基渗漏破坏、违规占压、违规采砂	进出口挡土墙倒塌、渠水外泄、闸倾斜移位、结构失稳	1~3	3~5
8	挡土墙	闸前水位超高、挡土墙填土、失稳、地下水位上升	挡土墙倒塌、渠水外泄、防渗体系破坏、结构失稳	1~3	1~6

在估计各类危险源导致事故的可能性和严重度属性后，工程运行管理人员仍需要决策哪些风险是更为重要，即计算风险度，进而需要优先进行勘察、监控与处置。但是准确地建立风险属性到风险度的映射是十分困难的。基于模糊推理系统，设计模糊规则库，替代准确的风险度计算建模，是一种合理的思路。在利用模糊规则库的模糊推理中，令假言模糊命题"if x is A then y is B"成为模糊推理规则。于是，在给定的前提条件下，通过模糊推理规则，即可得到一个对应的模糊推理结论。

本书将风险度作为两个风险因子属性（可能性 L，严重度 S）隶属函数对应的输出值，即模糊结论。在输入端，定义风险因子频度和严重度属性为 5 个等级术语：很低（R）、低（L）、中（M）、高（H）、很高（VH），不同等级模糊数及隶属函数见表3-5、表 3-6 和图 3-10。在输出端，同样约定 5 个优先级术语：可忽略风险（N）、低风险（Mi）、一般风险（Co）、较重风险（Ma）、严重风险（C）。本研究使用的模糊规则库，是基于一种相对普适性规则库建立的，具体规则库如图 3-11 所示。

表 3-5　　　　　　　　　　可能性与严重度评价标准

评分	发生可能性/严重度	模糊数
9~10	发生可能性很高/极其严重	(7.5, 10, 10)
7~8	发生可能性高/很严重	(5, 7.5, 10)
4~6	发生可能性中等/较重	(2.5, 5, 7.5)
2~3	发生可能性低/一般	(0, 2.5, 5)
1	发生可能性很低/较轻	(0, 0, 2.5)

表 3-6　　　　　　　　　　风险度评价标准

等级	发生频度/严重度	模糊数
C	情景模式的风险度为很高	(17.5, 21.25, 25)

续表

等级	发生频度/严重度	模糊数
Ma	情景模式的风险度为高	（13.75，17.5，21.25）
Co	情景模式的风险度为中等	（7.5，12.5，17.5）
Mi	情景模式的风险度为低	（3.75，7.5，10.25）
N	情景模式的风险度为很低	（0，3.75，7.5）

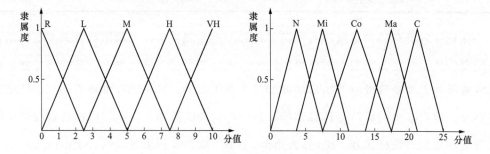

图 3-10　危险源、严重度隶属函数（左）和风险度隶属函数（右）

可能性（O）	严重度（S）				
	R	L	M	H	VH
R	低风险	低风险	一般风险	一般风险	较重风险
L	低风险	一般风险	一般风险	较重风险	较重风险
M	一般风险	一般风险	较重风险	较重风险	较重风险
H	一般风险	较重风险	较重风险	较重风险	严重风险
VH	一般风险	较重风险	较重风险	严重风险	严重风险

图 3-11　工程安全风险评价模糊推理规则

在得到输出值风险度后，采用最小最大值（min-max）法，对模糊推理的结论计算见下式：

$$B' = A' \cdot Rc = \int_y \vee_{x \in X} \left\{ \mu_A(x) \wedge [\mu_A(x) \wedge \mu_B(y)] \right\} / y \tag{3-6}$$

得到模糊推理的结论后，使用重心法对推理结果进行去模糊化。其计算公式如下：

$$z^* = \frac{\int_a^b zC(z)\mathrm{d}z}{\int_a^b C(z)\mathrm{d}z}, U = [a,b] \tag{3-7}$$

通过上述方法，实现基于模糊推理规则的危险源频度、严重度属性到风险度的非线性映射，如图 3-12 所示。最终得到各风险因子的风险度后，也可根据建筑物的不同，结合层次分析法或模糊综合评价等管理数学方法，对各风险因子进行赋权，得到建筑物整体的风险度，用于不同建筑物间风险度的比较。

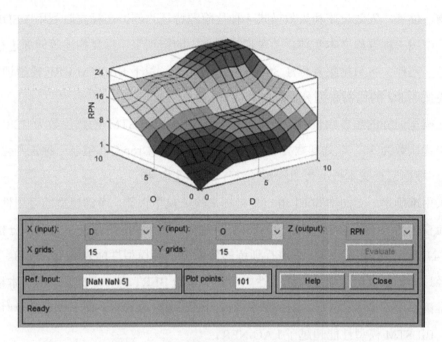

图 3-12　基于模糊推理系统的风险度计算

根据最终风险评价模型计算得到的风险度，设计不同等级的预警阈值，实现对各个建筑物不同风险因子进行预警。通常对风险的预警结果分为蓝色预警、黄色预警、橙色预警和红色预警四级，具体预警指标见表 3-7。

表 3-7　　　　　　　　　　　　工程安全风险预警指标

预警等级	风险度区间	说明
蓝色预警	1＜风险度≤4	可接受风险
黄色预警	4＜风险度≤9	可容忍风险
橙色预警	9＜风险度≤15	不可接受风险
红色预警	15＜风险度≤25	极高风险

3.4.3　案例分析

在案例分析中，对 3.4.1 节所构建的危险源辨识模型进行性能验证，并选择中线工程某左排渡槽的工程巡查数据进行风险评价结果的分析。

1．危险源辨识模型性能验证

使用中线工程巡查文本数据进行模型训练和模型性能验证，以识别巡查文本中的建筑物、位置、失效设施和失效模式 4 种危险源特征为例，在标注时利用 YEDDA 工具标注中线工程巡检文本实体，并对巡检文本中的错别字、重复描述等问题进行修正或删除。巡检文本数据集共标注 30000 条巡检文本，用于 BiLSTM-CRF 模型训练时，数据集按照 8:2 的比例来划分训练集和测试集。

在模型训练的超参数设置上，经过多次实验后，BiLSTM 隐藏层数为 128，设置训练迭代次数为 30，批处理数为 32，学习率 0.0001，Drop Out 值（一种正则化策略）为 0.3。根据巡查文本长度为 20～40 字符，实验选取 40。

采用准确率、召回率和 F1 值三种指标来验证模型性能。考虑模型的可用性问题，与主流模型进行对比，包括开源的 BERT 模型，以及商用的百度中文词法分析模型（LAC-NER）。在使用同样样本进行训练的情况下，各模型性能表现见表 3-8。BERT 模型经过训练数据的微调后，模型性能相对于原始 BERT 有一定提升，但与本模型的识别准确率差别不大，同时，BiLSTM 模型的训练速度要快多，便于模型的及时更新。此外，BiLSTM 模型性能超越了 LAC-NER。

表 3-8　　　　　　　　　　　　　模型特征识别性能对比 e

模型	准确率	召回率	F1 值
BiLSTM-CRF	0.928	0.865	0.895
LAC-NER	0.882	0.899	0.89
BERT	0.93	0.937	0.934

2．建筑物风险评估结果分析

通过对单一建筑物风险评估结果分析，可以更好地了解评估过程的合理性。以某左排渡槽工程为例，2019 年发现的 96 条安全隐患数据，录入图谱经分析后，识别到危险源 77 条，其中部分危险源与事故分析结果见表 3-9。

表 3-9　　　　　　　　　某左排渡槽 2019 年部分安全隐患分析结果

安全隐患描述	危险源类别	可能引发事故类型	可能性	严重性
风险点未存储反滤料	防汛抢险物料准备不足	影响工程防汛抢险	1	3
右岸上游 10m 处衬砌面板被洪水冲刷，水面以上有 5 块面板破损、变形	护坡水流冲刷	塌陷	2.5	2

安全隐患描述	危险源类别	可能引发事故类型	可能性	严重性
进口测站内 MCU 未采集数据	安全监测系统功能失效	不能及时发现工程隐患	2	1.5
下游渠道一级马道有 1 处纵向排水沟侧墙倾斜变形	护坡沉降变形	脱坡	1	2.5
下游渠道三级边坡排水沟局部破损、淤堵，排水不畅	排水设施失效	边坡失稳	0.8	2

　　使用本文所提出的风险评价方法，计算风险评估结果，排序靠前的 10 个事故分析结果见表 3-10。

表 3-10　　　　　　　　　某左排渡槽 2019 年事故风险评估结果

事故	频度 O	严重度 S	风险度	排序
塌陷	2.4	3.75	3.345	1
脱坡	3.57	1.675	2.355	2
洪水漫溢	0.875	3.245	2.165	3
电气系统损伤	3.16	1.465	2.115	4
边坡失稳	1.775	2.345	2.035	5
人员伤亡	1.3	2.13	1.59	6
机械伤害	1.205	1.74	1.455	7
管涌	0.345	2.19	1.28	8
影响工程防汛抢险	0.775	1.25	1.2	9
不能及时发现工程隐患	0.685	0.885	1.155	10

　　风险评估结果表明，该渡槽在 2019 年及未来一段时间主要面临的风险包括塌陷、脱坡、洪水漫溢等。综合来说，工程安全养护缺陷方面的风险较为严峻，应加强工程养护方面的投入，同时加强工程巡查和问题跟踪。工程管理方面的风险主要表现在安全监测和防汛抢险方面，需健全工程运行管理监督机制。按照导则的事故分类方法，将事故风险分为建筑物、金属结构、设备设施、作业活动、管理、环境，以 [0.3，0.2，0.2，0.1，0.1，0.1] 的权重进行综合评估后，该左排渡槽风险综合等级为黄色风险，属于可容忍风险。

3.5 小 结

本章构建了数据驱动的中线工程安全风险智能预警方法,基于对工程安全监测数据和巡查数据的分析,准确识别各类安全隐患,并结合《危险源辨识与风险评价导则》识别各类危险源和安全隐患,评估工程安全风险,提升风险管控的时效性和准确率。

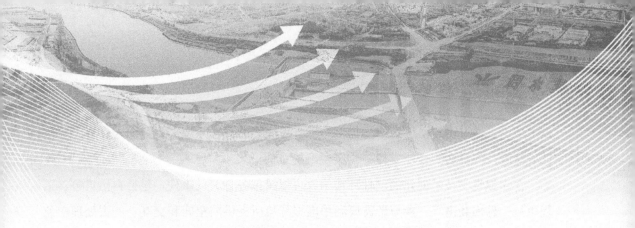

第 4 章 中线工程虚拟演练培训

自中线工程 2014 年通水以来,中线公司一直在加强应急管理工作,建立和健全了应急预案体系、应急抢险组织体系和后勤保障队伍,设置和储备了丰富的应急抢险物资。为提高各级机构的应急指挥组织能力,定期组织工作人员学习和开展针对多种险情的应急演练,常见应急演练场景包括:左排建筑物冲刷破坏、高填方渠道管涌、机电设备故障等。通过开展应急演练活动改善了应对洪涝灾害、冰冻灾害和工程安全事故等突发事件的能力。

但由于目前的演练培训手段较为单一,演练活动的开展仍受到时间和环境的限制,很难达到预期的演练培训效果[23]。如本书 2.4.2 节所述,应急演练的方式主要有三种:桌面演练、实战演练和联合演练。其中,桌面演练一般是在会议室中进行学习和头脑风暴,缺乏临场感。实战演练和联合演练在现场开展,一般会持续几个小时或者更长时间,能够检验应急预案和协作中的更多问题,但演练过程会消耗大量的人力和物力。

将虚拟现实技术引入应急演练中,利用计算机仿真技术构建逼真的演练场景,以及动态可交互的抢险对象和工具,可以为中线工程提供一种新的应急演练方式。本章内容旨在介绍如何运用虚拟现实技术建立虚拟演练应用,并结合高填方渠道管涌典型险情构建虚拟演练培训系统。

4.1 虚 拟 演 练 概 述

4.1.1 虚拟演练的概念

虚拟演练综合了虚拟现实、网络通信、计算机仿真、安全系统工程、教育心理等技术理论，通过构建演练客户端提供一致、可交互的演练环境，由参演人员分工协作完成演练，最终达到技能掌握、预案学习的目的。

在虚拟现实技术创建的软件环境中，可以模拟各种突发事件，包括自然灾害、工程事故、恐怖袭击等。参与者需要利用虚拟环境所提供的空间和交互功能去处理应急情况，这对于用户思考如何有效防范事故、提高应急行动成功率、降低事故损失和危害、发现和修正应急方案中存在的问题具有十分重要的作用。虚拟演练的特性主要表现在以下几个方面：

（1）安全性。虚拟环境可以模拟危险、高风险的场景，而无须让受训人员置身于实际的危险之中，这种演练方式保障了受训人员的人身安全，特别是在自然灾害、军事、医疗等领域的应用。

（2）可控性。虚拟演练的开发者可以调整环境设置、任务目标和参与者的行为能力，使得演练应用可以根据不同任务和参与者的内容需要进行个性化定制。

（3）重复性。虚拟演练可以反复进行，参与者不仅可以通过多次实践提高对处置流程和技能的熟练度，增强反应能力，而且提供了一定的探索空间来帮助用户思考如何改进处置方案。

（4）多人参与。虚拟演练应用可以让多个参与者在同一个环境中进行协作，共同完成任务，培养团队的合作和协调能力。

综上，对于应急演练而言，如何保障受训人员的人身安全，减少演练的成本，提升培训效果，是应急演练所面对的三大难题。而虚拟现实在模拟复杂的场景和交互方面有着独特的技术优势，使用虚拟现实技术构建各种险情场景和应急抢险过程，开发出具有沉浸感的演练培训应用，具有内容丰富、成本可控的特点，逐渐成为一种替代传统应急演练培训的选择。

4.1.2　虚拟演练的应用方式

虚拟演练的应用方式近年来在各行业中逐渐受到关注，学者们也开始积极探索其应用和关键技术。在公共突发事件应急管理领域，欧美国家起步较早，并取得了一定成果。国内起步较晚，在近些年也发展迅速。

在国外，Robert Amor 等人开发了一个基于沉浸式虚拟现实和严肃游戏的地震应急培训系统，旨在提高参与者对地震的反应能力和组织撤离。系统模拟了真实的地震和地震后撤离场景，参与者可以在虚拟环境中体验如何在地震中避险、收集物品、帮助他人等。通过互动性强、真实感高的训练场景，增加了参与者的参与度和学习兴趣。培训后参与者的地震应急知识大幅增加，同时自我效能感增强，他们在应对地震紧急情况时更加自信。该系统还具有操作简便、学习效果好的特点，参与者普遍认为培训过程有趣且实用。

在国内，宋立兵等人研发了一个煤矿灾害应急救援虚拟演练仿真系统，该系统集成 360 度环幕显示和 VR 智能终端，提供高度沉浸式的训练体验，允许救援人员自定义灾害场景与参数，进行灵活多变的实战演练；支持多队协同联机操作，并对参训人员的表现进行客观评估。该系统有效降低了实际场景演练的成本与次生风险，同时大幅提升了救援队伍的实战能力，具有显著的经济与社会效益。

类似于上述演练培训应用，虚拟演练可以模拟各种突发事件的应急处置过程。以火灾灭火演练为例，在传统演练中，受训者通常需要穿戴防火设备，携带灭火器等器材，在现场进行操作。而虚拟现实技术则让受训者只需佩戴 VR 设备，就能进入逼真的虚拟火灾场景进行模拟操作，体验全过程。

在某公司开发的火灾灭火培训应用中，受训者通过头戴式显示设备和手柄进入模拟的火灾场景（见图 4-1），从第一视角观察火势蔓延的情况，并迅速对火源进行定位。随着火焰燃烧，用户需要使用虚拟灭火器，通过手柄控制灭火器对准火源进行灭火操作。演练系统会实时跟踪并显示灭火距离和时间（如上方的"灭火距离 3.0m"和计时器所示），提醒受训者准确判断火情并快速反应。

图 4-1　电厂火灾示意图

灭火过程如图 4-2 所示，随着受训者对灭火器的准确操作，火势逐渐减弱，火焰高度明显下降，直至火势被完全扑灭。系统通过实时反馈，直观展示了火焰的变化过程，并在灭火成功后生成烟雾效果，帮助受训者更清楚地理解灭火的完整过程。灭火操作完成后，系统会提示受训者将灭火器正确放置，确保演练流程的完整性。图（a）显示了灭火开始阶段，受训者使用灭火器对准火源；图（b）展示了灭火结束后的状态，火焰已完全熄灭，烟雾散发。

（a）　　　　　　　　　　　　　（b）

图 4-2　灭火过程示意图

（a）灭火开始；（b）灭火完成

4.2　虚拟演练应用的构建方法

4.2.1　虚拟演练应用的构建流程

计算机软件的构建涉及需求分析、软件设计、软件开发和测试等多个方面，这些工作的质量都会直接影响用户的使用体验和培训效果。为了能让用户在虚拟环境中得到逼真的各种反馈，虚拟演练应用的构建流程更加复杂，主要包括项目调研与资料收集、关键要素设计、三维建模与关键动画实现、场景集成与交互脚本开发，以及应用发布与测试等步骤（见图 4-3）。

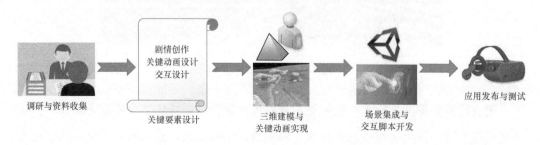

图 4-3　虚拟演练应用构建流程图

首先，团队需要明确模拟的具体内容，包括人物角色的动作、物体的运动，以及可能发生的各种事件。概念设计的深入和准确直接影响到后续的动画效果。例如，如果是医疗模拟应用，概念设计可能包括模拟病人的各种生理变化和医护人员的应对动作；如果是火灾应急演练，可能包括人员疏散、消防设备的使用等方面的需求。

项目调研与资料收集是整个系统构建的基础，其主要的目的是确定模拟演练系统的功能需求、明确虚拟演练应用的目标和范围。在调研与资料收集阶段，通过用户需求调研和实地调研的形式，进行典型险情选择和相关资料内容收集。通过需求调研，结合项目建设目标和实际情况，选择具体要开发的演练培训情景；通过实地调研，收集和整理演练区域现场环境、相关案例、险情发展和处置过程资料，为后续应用设计和开发明确目标。

关键要素设计建立了用户需求与实现内容的桥梁，该阶段的工作内容包括剧情创作、关键动画设计和交互设计。首先结合典型险情的发展过程与应急抢险工作内容，以第一人称视角创作故事梗概、划分剧情阶段，通过文字和图片的形式，不断细化描述将各阶段故事内容和现场环境；然后结合典型险情的发生机理和发展路径，以动画设计的方式，描述险情发展相关的内容的表现形式；最后将各阶段内容任务化，分别设计合适的交互方式作为推动故事发展的触发器。

完成关键要素设计后，根据上阶段设计稿内容，进行大量的三维建模和关键动画实现工作。对于静态物体，使用 Blender 或 3D MAX 等建模软件进行实体建模，采集现场真实纹理或相似纹理，选择合适的纹理映射方式完成模型表面贴图。对于关键动画描述的动态物体，实现方式包括离线计算和在线计算两种：离线计算方式是在建模软件中完成动画的各帧模型，然后以模型组的形式加载到应用中；在线计算是根据应用内容，动态调整模型运动目标，并实时计算出关键节点的运动轨迹。

实现三维建模和关键动画后，进行场景集成与交互设计工作。将上阶段构建的模型和动画，以实体的形式导入到主流的虚拟现实开发环境中，通过调整各个实体的位置关系、变化速率和交互关系，实现场景的集成，集成后的场景借助虚拟现实引擎的渲染引擎，在应用中实时生成连续的图像；根据关键要素设计阶段的交互设计内容，通过虚拟现实开发环境的脚本编程工具，实现多种用户交互方式。

完成上述工作后，在桌面端和 VR 头显端进行应用发布与测试，通过实际体验的形式寻找应用在设计和实现阶段的问题，通过反复修改提升应用体验。应用开发过程以线性流程为主，开发任务重点会随项目进展逐渐向后移动，同时会根据实际进展情况进行前面阶段内容的补充和修正。

4.2.2 场景建模与渲染

场景建模与渲染是构建虚拟演练应用的核心环节，负责创造逼真且引人入胜的虚拟环境。这一过程涵盖了从概念设计到具体建模、纹理映射、光照设计，再到最终渲染的一系列步骤。通过精心设计和协同工作，场景建模与渲染为用户提供了一个高度真实、交互性强的学习和培训环境。

首先，概念设计和需求分析是场景建模与渲染的起点。在这个阶段，团队需要明确应用的目标、用户需求以及模拟场景的特征。这为后续的建模工作提供了方向和目标。选择合适的三维建模工具是至关重要的，因为它将直接影响到建模的效率和质量。建模过程本身既有创造性，又有技术性，需要将概念转化为具体的三维模型，涵盖建筑结构、地形地貌等多个元素。最终，模型需要经过反复的迭代和优化，以确保场景的真实感和逼真度。

虚拟场景中的渲染方法对现代计算机图形学和虚拟现实至关重要。一般而言，基础模型是组成虚拟场景的大部分，比如像地形、建筑物、植物等。通过计算机图形学中的渲染过程，能够将三维模型转换为令人惊叹的二维图像，为用户提供身临其境的虚拟体验。在本节中，我们将深入探讨渲染的基本原理，包括着色、贴图和光照，以及这些技术在虚拟场景中的应用场景。

着色是模型渲染过程中的核心环节之一。通过为模型表面赋予合适的颜色和光照效果，能够增强模型的真实感。在虚拟场景中，常见的着色模型包括平面着色、Gouraud着色和Phong着色。

平面着色基于模型的面来进行着色。每个面被赋予一个固定的颜色，这意味着整个面的所有点都会呈现相同的颜色，不考虑面内部的光照效果或阴影。这种着色方式在计算和渲染速度上相对较快，适用于一些对真实感要求不高、需要快速渲染的场景。平面着色是一种简单且高效的渲染方式，但它也有其局限性。由于它忽略了面内部的光照效果和阴影，使得渲染的结果较为平坦和简单，缺乏真实感。

Gouraud着色的主要原理是通过在模型的顶点处计算光照强度和颜色，并在顶点之间进行插值，从而得到面内其他点的颜色。具体而言，首先，对模型的每个顶点计算光照强度和颜色。这可以通过使用光照模型（如环境光、定向光、点光源等）来模拟光照效果，并结合材质属性和顶点法向量计算顶点处的颜色。然后，在模型的面上进行颜色插值。通过在每个面的顶点之间进行线性插值，得到面内其他点的颜色。这样做可以使得模型表面的颜色在面之间平滑过渡，从而产生更加逼真的光照效果。由于它在模型表面的光照计算和颜色插值方面相对高效，因此，适用于快速渲染的场景，如实时游戏、虚拟现实和计算机动画等。

　　Phong 着色技术是对 Gouraud 着色的改进和扩展，使用法线向量和光照计算，产生更逼真的光照效果，使模型表面更加真实细腻。Phong 着色技术的主要原理是通过在模型表面的每个像素点处计算光照强度和颜色，实现逼真的光照效果。首先，在模型的每个顶点处计算法向量，用于确定表面的朝向。然后，通过在面的顶点之间进行插值，为每个像素点计算其法向量，保持表面法向量在像素级别的连续性。在每个像素点处，结合光照模型（如环境光、定向光、点光源等）、材质属性和像素点处的法向量，计算光照强度和颜色。Phong 着色能够考虑光照在每个像素点处的影响，从而产生更加细致和真实的光照效果。这种着色技术在计算机图形学领域广泛应用，特别适用于需要高质量光照的场景，如高级渲染、影视特效、游戏制作和虚拟现实等应用领域。如图 4-4 所示，展示三种着色模型的效果对比。

平面着色　　　　　　　　　　Gouraud着色　　　　　　　　　　Phong着色

图 4-4　三种着色结果对比

　　贴图技术是计算机图形学中的一种重要技术，用于增加模型表面的视觉细节，使渲染结果更加真实和逼真。通过在模型表面应用纹理或图像，贴图技术可以模拟物体表面的纹理、颜色、光照等细节，从而增强视觉效果和表现力。

　　贴图技术通常分为以下几种。

　　（1）纹理映射。最基本的贴图技术之一，将纹理图像映射到模型的表面。纹理图像可以包含颜色信息、图案、纹理和其他视觉细节。在渲染过程中，每个像素点从纹理图像中获取对应的颜色信息，然后应用到模型表面上，以模拟物体的表面细节和外观。

（2）法线贴图。用于模拟表面的凹凸效果，增加模型的细节感。通过在模型表面的每个像素点处应用法线贴图，可以改变该像素点的法线向量，从而改变光照计算的结果，产生视觉上的凹凸效果，增加真实感。

（3）位移贴图。类似于法线贴图，用于模拟表面的凹凸效果。但不同于法线贴图只改变表面法线，位移贴图可以直接改变模型的顶点位置，使表面出现凹凸效果。

（4）光照贴图。用于预计算光照信息，从而提高渲染效率。在光照贴图中，将光照计算结果储存在纹理图像中，然后将该纹理应用到模型表面上，避免在运行时进行复杂的光照计算，提高渲染性能。

光照模型是计算机图形学中用于模拟光在物体表面的交互和反射过程的一种数学模型。它是渲染引擎中的核心组成部分，通过考虑场景中的光照信息和物体的材质属性，计算物体表面每个点的光照强度和颜色，以实现逼真的渲染效果。光照模型包含多个光照组件，如环境光、定向光、点光源和聚光灯等，每个组件对物体的光照效果产生不同的影响。

环境光照射在场景中的每个物体，使其在无明确光源的区域也能保持一定可见性，增加场景整体亮度。定向光模拟远距离的光源，如太阳光，为物体提供统一的光照方向，产生明显的投影和明暗效果。点光源模拟发光的点光源，向四面八方发射光线，通过距离衰减模拟周围明暗变化。聚光灯模拟具有方向性的光源，如手电筒，能够聚焦光线以突出物体细节。

4.2.3　动画模拟

动画模拟在虚拟演练系统中至关重要，它通过精确的动态效果和互动设计，赋予虚拟环境更多的生动性和真实感。如动画模拟中的两个核心技术骨骼动画和程序动画，这两者在虚拟演练中各有其独特优势，能够分别处理角色的动作表现和动态场景的生成。通过这些技术，虚拟演练的互动性和沉浸感得到了显著提升。

骨骼动画是一种以层次化结构控制模型运动的动画技术，它通过将虚拟角色的表面网格与内部骨骼系统绑定，使角色的运动更加自然、流畅。在骨骼动画中，模型的动作由骨骼的旋转和位移驱动，每个骨骼节点都可以控制相应的部分模型网格。通常，骨骼系统由关节（节点）和骨骼组成，关节定义了模型运动的旋转点或连接点，而骨骼则用来约束模型的运动范围和形变。虚拟演练中，骨骼动画常被用于模拟应急人员的肢体动作、设备操作以及机械部件的运动。通过给关键关节设定不同的运动姿态，并在这些姿态之间插值生成连续的动作，使得演练角色的行动符合人体的物理规律，提升了虚拟角色的真实感。骨骼动画的一个关键优势在于其高效性，尤其适用于复杂的角色动画。在虚拟演练中，如模拟工程巡检、设备抢修等任务时，骨骼动画可以实现多关节的协调运动，且通过骨骼结构的重用与优化，大大减少了动画数据量。动画师仅需为角色设定几个关键动作，系统便能自动生成中间的过渡帧，不仅减少了手动设计的工作量，还使角色能够更灵活地响应不同的场景需求。骨骼动画与碰撞检测、物理引擎结合后，还能进一步增强虚拟演练的互动性，使角色能与场景中的物体进行真实互动。

程序动画是一种基于算法和规则的动画生成技术，适用于动态变化和不可预测的场景，不同于骨骼动画的预设关键帧，程序动画通过实时计算生成动画效果，常用于物理现象的模拟，如碰撞、坠落、变形等。在虚拟演练中，程序动画可以灵活应对突发事件的动态变化，如设备故障、风险扩散或洪水流动，通过物理引擎和算法设置，动画效果能够根据实时条件变化，增强了场景的灵活性和自适应性。其最大优势在于能够根据用户操作和场景变化实时调整动画表现，尤其适合复杂场景的演练。例如，在火灾应急演练中，火焰的蔓延和烟雾的扩散可以依据风速和温度等因素实时生成，程序动画常结合粒子系统，模拟流体、烟雾、爆炸等自然现象，使虚拟演练更加真实且具有随机性。

骨骼动画与程序动画的结合，是虚拟演练系统中的常见设计策略。骨骼动画用于精确控制角色的动作，使其符合真实的运动逻辑，而程序动画则为环境和物理现象的动态变化提供了灵活的解决方案。通过这两项技术的协作，虚拟演练能够实现高度沉浸的体验，用户不仅可以控制角色进行逼真的操作，还能在动态变化的环境中做出及时反应，提升了虚拟演练的交互性和学习效果。

总而言之，动画模拟是虚拟演练系统中的核心技术之一，除了骨骼动画、程序动画，还有粒子系统、物理引擎、运动捕捉等多种技术，这些技术共同为虚拟场景中的动态过程提供了逼真的表现，提升虚拟演练的沉浸感、互动性和真实感，使用户在虚拟环境中获得更加丰富的学习体验，并能够更好地应对复杂的应急情境。

4.2.4　交互设计

在虚拟现实中，交互设计直接决定了用户在虚拟环境中的操作体验和沉浸感。在虚拟演练系统中，交互不仅是用户与系统之间的互动方式，更是用户感知虚拟世界的关键环节。现代 VR 技术提供了多种交互方式，能够有效模拟现实中的动作和反馈。常见的交互方式包括手柄交互、手势交互、语音交互、空间定位、眼动交互、肌电交互和脑机交互，这些技术相互结合，为虚拟演练提供了更加丰富的操作手段和用户体验。

手柄交互是目前 VR 系统中应用最广泛的一种交互方式，用户通过手持控制器进行操作。手柄通常配备多种控制按钮和触控板，能够实现高精度的操控。通过手柄，用户可以在虚拟场景中抓取物体、移动设备，甚至进行复杂的操作。由于手柄的输入信号可以精确映射到虚拟世界，用户能够感受到直观、即时的反馈。在虚拟演练中，手柄交互特别适用于设备操作、物体搬运等需要精细控制的任务场景。结合力反馈技术，手柄还可以为用户提供真实的触觉反馈，模拟物体的重量、硬度或其他物理特性，进一步增强沉浸感。

手势交互则进一步解放了用户的双手，使用户能够通过自然的手势与虚拟环境进行互动。手势识别技术利用摄像头或传感器，实时追踪用户手部的运动，并将其转化为虚拟场景中的操作。这种方式极大减少了对物理设备的依赖，使用户能够更加自由地进行操作。手势交互适用于那些需要模拟自然手部动作的场景，如应急抢险中救援人员的动作、医疗手术中的细致操作等。在虚拟演练中，用户通过手势可以进行直接的交互，如打开虚拟的门、操作虚拟的仪器，或者通过手势发出指令，极大提升了系统的直观性和互动性。

语音交互是一种更加自然和高效的交互方式，用户通过语音命令与虚拟环境互动，无须复杂的物理操作。这种方式特别适用于那些需要频繁输入指令或在复杂场景中操作的任务。在虚拟演练中，语音交互可以大大提高操作效率，用户能够通过语音指挥虚拟团队、调用工具或报告紧急情况。例如，在应急管理场景中，指挥人员可以通过语音迅速发布命令，而不必依赖手动输入。结合自然语言处理技术，语音交互不仅可以处理简单的指令，还能够识别复杂的语音指令，从而支持更加丰富的操作逻辑。

空间定位是 VR 交互中的重要组成部分，通过追踪用户的身体位置和运动，系统可以实时更新用户在虚拟世界中的位置。这种技术让用户能够自由地在虚拟环境中移动，增强了空间感和沉浸感。空间定位结合手柄或手势交互，使用户能够在复杂的三维场景中自由探索、巡视或执行任务。在虚拟演练中，空间定位技术常被用于模拟巡检、救援或操作设备，用户可以在虚拟场景中走动、查看不同的视角和位置。这种技术还能够通过设置边界和警示，确保用户在物理空间中的安全。

此外，眼动交互通过追踪用户的视线来控制虚拟对象或进行选择。这种交互方式的优势在于操作自然且不需要额外的设备。用户只需注视某一物体，系统便可以识别用户的选择并执行相应的操作。在虚拟演练中，眼动交互尤其适用于需要快速切换视角或精确瞄准的场景。通过眼动追踪技术，系统能够感知用户的关注点，并提供智能提示或操作选项。例如，用户可以通过注视特定区域来激活菜单或聚焦于特定设备进行进一步操作，这大大提升了操作效率。

肌电交互和脑机交互则代表了更先进的交互方式。肌电交互通过读取用户肌肉的电信号来识别动作意图，并将这些信号转化为虚拟环境中的控制指令。它能够识别精细的手部动作，适用于需要精确控制的任务，如医疗操作或机械维修等。在虚拟演练中，用户可以通过肌电信号直接控制设备或进行复杂的操作，无须实际按键或手势。而脑机交互则通过检测用户的脑电信号，直接从大脑中获取操作意图。这一技术允许用户通过思维控制虚拟环境中的对象或场景变化，在应急指挥或高压力的场景中尤为实用。脑机交互不仅减少了物理输入的需求，还能够帮助用户在极端条件下保持高效的操作能力。

通过综合使用这些交互方式，可以让受训者更加全方位地感知险情场景，完成复杂场景下的人员撤离、故障处理等内容，提升受训者在实际场景下的应对能力。

4.3　高填方渠道管涌演练应用的设计与实现

4.3.1　高填方管涌演练流程

就虚拟现实技术而言，用于研发培训系统的应急演练内容，可以从虚拟现实专业术语角度，融合虚拟演练培训的总需求，用于系统研发的应急演练预案主要包括以下内容：地物虚拟环境建模、全流程真实感渲染、险情研判过程仿真、面向演练知识培训的人机交互。具体流程如图 4-5 所示。

在研发系统的初始阶段，构建应急演练预案是一个重要的工作环节。一个应急演练预案体系的好坏，直接关系到培训系统的研发质量和培训效果。在这个环节，系统研发团队需要对中线干线工程的运维环境、室外工作设备、室内工作上报流程、受到沿线工作人员常年关注的险情特点和应急预案有一个初步的认知。

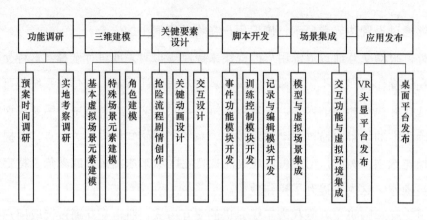

图 4-5　高填方管涌演练应用设计流程图

构建用于研发虚拟演练培训系统的应急演练预案，和中线干线工程预备的应急演练预案在演练内容上有所相似，在执行目标上又截然不同。相似之处在于，两种应急演练预案在险情研判、险情上报流程、应急抢险物资和应急处置措施上相类似；不同之处在于，预备的应急演练预案主要强调的执行目标是现实环境中应急演练所要达到的实时效果，而用于研发培训系统而制定的应急演练预案，主要强调的内容包括：需要在系统中还原的真实场景素材（又分为地物环境素材、人物素材和抢险物资素材等）、险情的应急演练流程（流程包括工程巡检、险情研判、险情上报和应急抢险等）、虚拟人物对话剧情（演练培训中的故事情节）以及交互功能（演练知识问答）等需要实现的技术任务。

4.3.2　渠道场景的构建

演练场景三维模型的构建是虚拟应急演练培训系统的基础。对于南水北调中线干线工程工作人员而言，要克服传统演练方式的短板，通过体验应急演练交互式培训系统真正达到演练培训的效果，对不同类型的险情达到更加直观、专业的认识，对三维模型的设计与构建必不可少。在构建过程中，不同类型的模型在培训系统中发挥着不同的作用，一个面向南水北调中线干线工程的功能完善、培训效果显著的虚拟应急演练培训系统，在集成上线之前，至少不能少于以下几点关键元素的构建，包括地物模型构建、灾变实体构建、应急器械与物资模型构建和人物角色模型设计与构建。

1．地形构建

南水北调中线高填方渠道周边地势复杂，山脉表面纹理丰富多样，高度起伏具有随机性。对于山脉地势起伏效果的建模，可采用基于噪声的地形建模方法对地势进行建模，实现地势起伏的效果。

　　基于噪声的地形建模方法以处理噪声（Noise）函数为主，该函数以某个整数作为参数生成 0～1 之间的随机数，以此来表示每个像素点的强度，从而生成一幅完整的随机图像。完全随机的噪声函数形成的图像中的像素点两两之间没有相互关联的关系。为了使得噪声产生的随机数更加具有实验意义，通过插值使离散的数据连续化的处理方式实现了这个想法。通过这样的处理方式得到的噪声被称为柏林噪声（Perlin Noise）。柏林噪声是由 Ken Perlin 发明的自然噪声生成算法。Perlin Noise 在计算机图形学领域被用来表现真实世界中的效果，如火焰、云彩、纹理等。利用噪声函数也可以对地表、地形地貌等真实场景进行建模和仿真。因此，采用基于噪声的方法对高填方渠段周围独特的地形进行建模，实现过程可调节，借助 3D 图形 unity 引擎中的 terrain 地形编辑器，生成地势的噪声随机数调节变化起伏为 0～0.7，调节编辑器的地势笔刷尺寸大小为 20，即可实现笔刷为 20、地势起伏变化为 0～0.7 的地形建模。为提高渠道环境的真实感，在绘制地形地貌的同时借助植被系统，在地形表面添加树木植被。最终实现的山脉绘制效果，如图 4-6 所示。

图 4-6　高填方渠道边坡外地形

　　2．渠道模型构建

　　常见的中线工程渠段模型有高填方渠段、深挖方渠段和半挖半填渠段，以及交叉建筑物中的左岸排水渡槽、倒虹吸、暗渠等。本系统案例以高填方渠段建模为例，为保证建模的真实性和准确性，以实际 CAD 设计图纸为建模基准，进行 1:1 还原建模。而场景模型的三角形面数会直接影响实时渲染效率，进而影响场景渲染效果，因此在建模的时候在保证模型真实性的同时尽量减少模型的面数，以最终提高渲染效率。在构建高填方渠道模型时，衬砌板、马道和渠道浆砌石外坡表面在视觉上有凹凸不平的粗糙感，若将衬砌板、马道和渠道浆砌石外坡根据视觉效果进行模型构建，会为场景添加大量的三维网格，在实时渲染时会给场景增加资源消耗。而常规的纹理映射渲染技术只能在模型表面添加颜色，传统的纹理贴图中，红、绿、蓝三种颜色分量被存储于 RGB 通道中，不能表现凹凸不平的视觉效果；凹凸纹理贴图的 RGB 通道存储的是法线向量的 x，y，z 分量的值，与此同时法线向量需要具体的符号值。为此，可采用凹凸纹理映射技术，生成渠道凹凸不平的渠道表面。

$$N' = N + P_u(N \times Q_v) + P_v(Q_u \times N) \tag{4-1}$$

式中：N' 为物体表面上任意点增加扰动后的法向量；N 为物体表面上任意点法向量；$P(u,v)$ 为扰动量（也称扰动函数）；P_u 为 P 沿 u 方向的偏导数；P_v 为 P 沿 v 方向的偏导数；$P_u(N \times Q_v)$ 和 $P_v(Q_u \times N)$ 为对扰动法向量的扰动项；Q_u 为 Q 沿 u 方向的偏导数；Q_v 为 Q 沿 v 方向的偏导数。

对扰动后的法向量进行单位化处理，即可在光照模型中产生扰动作用，得到物体表面凹凸不平的粗糙感。渠道内侧为衬砌板纹理，平面为马道纹理，外坡为浆砌石纹理。高填方渠道模型渲染效果如图 4-7 所示。

图 4-7　高填方渠道模型渲染效果

3．应急抢险救援物资模型构建

现实中针对管涌的防治，一般可以从以下两个方面采取措施：

1）改变几何条件，在渗流逸出部位铺设反滤层。

2）改变水力条件，降低水力梯度，如蓄水反压等。

根据管涌出现时的特征，使用到的抢险设施可以分为：

1）背水坡出现单个管涌，或者出现多个管涌但位置比较集中，能够分片处理时，一般使用反滤围井处理。反滤围井根据用料不同可以分为砂石反滤围井和土工织物反滤围井。

2）出现大面积管涌或管涌群时，一般采用反滤层压盖处理，反滤层压盖根据反滤料不同可以分为砂石反滤压盖和梢料反滤压盖。

3）在堤坝背水坡脚，管涌范围大，缺乏反滤料但砂土料丰富的堤段，可以使用透水压渗平台。

4）如出现大面积管涌群，或已经出现比较明显的流土险情，需要采用蓄水反压的方法进行处理。

结合上述分析，应急抢险物资的建模包括围堰，水下机器人，混凝土搅拌车和输送泵车，背水月堤，砂石反滤围井和反滤铺盖。通过建模软件构建出的抢险物资模型如图 4-8 所示。

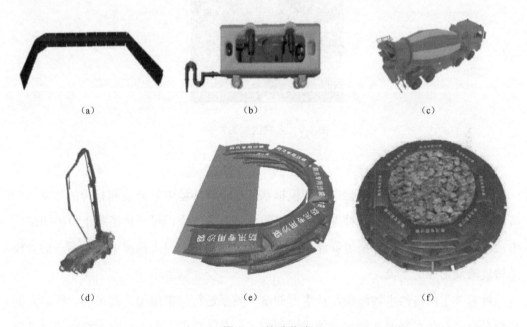

（a）　　　　　　　　　（b）　　　　　　　　　（c）

（d）　　　　　　　　　（e）　　　　　　　　　（f）

图 4-8　抢险物资

（a）围堰；（b）水下机器人；（c）混凝土搅拌车；（d）混凝土输送泵车；（e）背水月堤；（f）反滤围井

4．应急抢险救援人员模型构建

虚拟演练对于演练培训人员是最重要的培训内容。其中需要对很多演练培训实体进行构建，包括管理处工作人员模型、应急抢险器械物资模型等。管理处工作人员模型包括工程巡检人员模型和辅助参与工程研判的应急演练指挥员模型。制作人物模型，首先需要在建模软件完成人物模型网格构建，然后为模型网格绑定骨骼控制人物的骨骼和关节，确定不同骨骼对人物网格皮肤的影响权重，摆放不同关键帧时骨骼的位置和朝向，最终在不同关键帧之间通过球状线性插值方法，制作流畅的骨骼蒙皮动画。添加骨骼蒙皮和不同关键帧下人物模型的骨骼位置如图 4-9 所示。

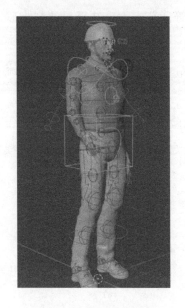

图 4-9　人物模型的骨骼

5．渠水建模

水体建模是计算机图形学中用于模拟水体在虚拟环境中的外观和行为的技术。一般的水体建模分为两种：一种是基于网格的水体渲染方法，另一种是基于粒子的渲染方法。两种方法在高填方渠道管涌模拟中均有体现，前者用来模拟渠道水面，后者模拟边坡渗漏形成的水流。

针对基于网格的水体渲染，从水面的波动效果进行模拟渲染，此过程，所建立的模型是众多三角形平面共同构成的平面网络，只是简单的平面，没有水波动的动态效果，因此需通过控制平面网格顶点位置变化的算法来模拟水面波动效果，基于正弦波的水面模拟算法是最常用的水波模拟算法之一。公式如下：

$$W_i(x,y,t) = A_i \times \sin[\boldsymbol{D}_i \bullet (x,y) \times \omega_i + t \times \varphi_i]$$

式中：A_i 为第 i 个正弦波的振幅；$\boldsymbol{D}_i$ 为第 i 个正弦波垂直于波阵面的水平向量；ω_i 为第 i 个正弦波的角频率，它与波长 L 的关系为 $\omega = 2\pi / L$；φ_i 为第 i 个正弦波的相常数，

它与波速 S 的关系为 $\varphi = S \cdot 2\pi / L$；$t$ 为时间变量；函数 $W_i(x, y, t)$ 表示在 t 时刻，顶点坐标为 (x, y) 的水波高度。在水面网格顶点坐标与函数发生叠加之后，顶点位置将会发生变化。

实现波纹效果后，可为渠水表面添加物理光照模型即可实现渠水表面波动的视觉效果。当渠水受到光照影响时，在漫反射与镜面反射两种反射作用下，渠水表面会出现伴随水波变化的光照反射效果。一束光照射至某一物体时，如果物体的表面粗糙、凹凸不平，就会导致光线各点反射方向的不一致化，反射光线会因此朝向各个方面发生无规则且无规律的反射，这种现象称为漫反射现象。光照射到具有平滑表面的物体上时，反射光是以平行而非四处扩散的方式射出，这种现象称为镜面反射现象。通常来说，漫反射能够让观察者从各个方向与角度看到物体；镜面反射只能让观察者从某一具体方向看到物体。

物体表面光线的反射程度差异会造成视觉差异，即观察者会在视觉上感受到物体的或明或暗，而表面光线的反射程度是由多方因素决定的，包括入射光线、反射位置等。在计算机图形学中，通常采用双向反射分布函数（BRDF）对物体表面光线反射情况进行描述。BRDF 定义了光亮度与辐照度的对比关系：

$$BRDF = \frac{L_0}{E_1} \tag{4-2}$$

式中：L_0 表示光亮度，以物体表面某个方向的单位投影区域立体角单位光流量为准，是单位面积在单位时间内所通过的光能；E_1 表示辐照度，是单位面积在单位时间内所流入的光通量。BRDF 聚焦的是物体表面某点 x，依据入射与反射光线的具体方向 $\overrightarrow{\omega_i}$、$\overrightarrow{\omega_0}$，对所反射所得的光亮度进行计算，具体公式如下：

$$f_r = (x, \overrightarrow{\omega_i} \to \overrightarrow{\omega_0}) = \frac{dL_0(x, \overrightarrow{\omega_0})}{dE(x, \overrightarrow{\omega_i})} = \frac{dL_0(x, \overrightarrow{\omega_0})}{L_i(x, \overrightarrow{\omega_i}) \cos\theta_i d\overrightarrow{\omega_i}} \tag{4-3}$$

式中：L_0 代表沿反射光线方向 $\overrightarrow{\omega_0}$ 的发射光能，即光亮度；E 代表沿入射光线方向 $\overrightarrow{\omega_i}$ 的入射光能，即辐照度；θ_i 是入射光线方向 $\overrightarrow{\omega_i}$ 与入射点在平面法线间的夹角；$\overrightarrow{\omega_i}$ 和 $\overrightarrow{\omega_0}$ 分别为入射光与出射光所占立体角。

人的眼睛能观察到物体是由于光线能够在物体表面发生反射与转移，眼睛能够接受物体表面反射出的光线。BRDF 通过描述光线在物体表面的变化特点与规律，界定了反射光线能够朝向反射点法线两侧的观察者与光源进行发射的原理。因此可以利用计算机技术，通过 BRDF 完成对光线变化的描述与计算，模拟相应的光学现象。

　　某点显示在屏幕上的颜色可以视为光源颜色、材质颜色、反射系数和光学效应函数的综合作用。此处的光学效应函数为 BRDF 函数。首先依据入射光方向与具体位置，根据菲涅尔公式对顶部水层的反射光进行计算，完成顶部水层镜面反射的模拟；其次根据入射光方向与位置，计算底层漫反射光光线的位置，完成底层漫反射的模拟。

　　经过光学渲染后的渠水表面效果如图 4-10 所示。

图 4-10　渠水表面

　　结合以上技术在高填方渠道管涌险情应急演练场景中进行模型渲染，相关的模型，如人物、地形、植物等渲染结果如图 4-11 所示。

图 4-11　基础模拟渲染结果

　　综上所述，基础模型渲染在应急演练虚拟场景的创建中具有重要意义。着色、贴图和光照技术是虚拟场景渲染的基本要素，直接影响着整体场景的视觉质量和真实感。通过精确地运用着色模型和贴图技术，我们能够增加模型的视觉细节和逼真感，从而营造出令人惊叹的虚拟体验。同时，运用光照模型使得虚拟场景的光影效果更加真实，为用户带来更为沉浸式的体验。这样的渲染技术使得虚拟应急演练场景更接近真实场景，为实际的应急演练提供更为有力的支撑。

4.3.3　管涌模拟

管涌模拟采用的是另一种流体渲染的方法——基于粒子的水体渲染。该方法是一种用于实时渲染逼真流体效果的技术，它能够在现代图形引擎中模拟流体外观。该方法通过流体粒子的信息构建流体表面，并利用基于屏幕空间的表面提取方法对流体进行散射近似渲染。以下将详细介绍每个步骤。

首先，在渲染流体前，我们需要将流体粒子绘制到场景中并获取它们在屏幕空间中的位置。这通常通过在 GPU 中进行粒子渲染来实现。一旦粒子被绘制到屏幕上，我们可以使用深度缓冲来获取它们的深度值。深度缓冲是一个记录场景中每个像素距离相机的深度信息的缓冲区。通过读取深度缓冲，我们可以获得流体粒子在屏幕上的深度数据。

其次，我们需要进行流体表面法线的重建。在基于粒子的流体模拟中，流体粒子的位置和法线方向信息对于渲染流体表面非常重要。常见的方法是使用核函数（如SPH）来模拟流体运动，在之前我们采用的速度更快且较为符合物理规律的基于位置动力学的方法进行流体的模拟。在模拟过程中，每个粒子都受到其他粒子的相互作用影响。通过对每个粒子应用核函数，可以计算出该粒子的法线方向。

再次，我们进行厚度纹理的计算。厚度纹理是根据粒子数据计算的，用于近似表示流体在屏幕上的散射效果。它是流体渲染中常用的技术，尤其适用于在流体接近光源时产生散射和渐变效果。厚度纹理是一张灰度纹理，用于描述流体的厚度信息。计算厚度纹理通常涉及从相机视角投影的屏幕空间深度数据中，根据流体的密度和散射属性来计算每个像素点的厚度值。

最后，我们采用基于屏幕空间的表面提取方法来构建流体表面。在屏幕空间中，流体粒子的深度信息已被记录在深度缓冲中。通过对深度缓冲进行解析，我们可以识别出流体粒子的表面，并通过像素着色来渲染流体表面。这种基于屏幕空间的方法避免了复杂的几何计算，并能在实时渲染中产生逼真的流体效果。对管涌出水口的水体进行的渲染结果如图 4-12 所示。

图 4-12　管涌出水口的水体渲染结果

以现场调研的坡流实景为例，通过观察流面形态，可以将流面分为三层：运动层、静止层和两层之间的过渡层。运动层的表现为水受外力影响，沿载体不断流动，形成一个沿载体位势递减方向的曲线，流面上的运动特征表现为表面波纹由粗短波逐渐变为细长波，有明显的波纹带。静止层的表现为水浸入载体，形成一种比较湿润的视觉形态。在静止层和运动层之间的过渡层，视觉上是未完全浸润的载体形成的平滑模糊边缘。因为静止层和过渡层都是运动中的水流向外扩散生成，所以三层的形状相似。根据形态分析，使用 NURBS 曲面对形态进行建模，然后将曲面转化为多边形网格。得到的多边形网格模型如图 4-13 所示。

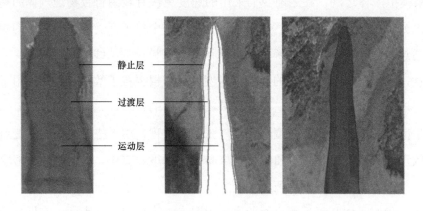

图 4-13　形态分解与建模

流面上的水体运动受外力影响，在载体表面产生形如波纹的运动状态，可以类比为海洋场景中的海浪运动。海洋场景中对海浪运动状态的模拟，是展现海面的基础环节。海洋场景中的海浪由多个高低起伏不同的波叠加而成，通过波面的高度谱，计算波的高度。通常使用采集现实海浪高度的方法，统计数据，获得海浪谱。根据海浪谱计算出海浪各点的高度，使用快速傅立叶逆变换完成海浪谱频域到时域的变换：

$$h(x,t) = \sum_{k} \tilde{h}(k,t) e^{ik \cdot x} \qquad (4\text{-}4)$$

式中：$\tilde{h}(k,t)$ 为傅立叶因子，是波矢量 $k = (k_x, k_z)$ 和时间 t 的复数函数，决定海浪的表面构成。本文使用 Phillips 频谱，将高度信息烘焙成一张法线图 A。与海浪运动不同的是，流面上的波动是一种小规模运动，除了与海浪运动有相似的波动特征，在流面上还有多条由上至下、逐渐扩散的水波带，如使用数值方法模拟这种现象，会消耗大量计算资源。实际上，通过观察现实中的这种波纹运动，可以使用手绘的方法，先大致绘出水波带高度，将其制作成平铺无缝图，再使用图像处理软件将高度图转换为法线图 B，最后将法线图 A 与法线图 B 相加后进行归一化运算，得到流面上波纹运动的法线分布规律，如图 4-14 所示。获得法线信息后，通过时间函数对法线进行采样扰动，能够大致模拟出流面上的波纹运动状态。

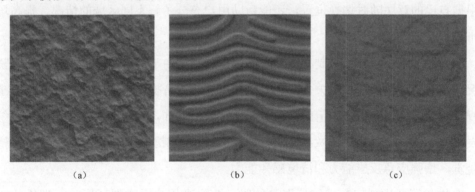

（a） （b） （c）

图 4-14 流面法线图

（a）法线图 A；（b）法线图 B；（c）应用在模型表面后

4.3.4 决策交互

虚拟场景的可交互性是影响用户沉浸感体验因素之一，在高填方渠道管涌险情应急演练培训系统中，系统的可交互性会直接影响到最终演练的效果。目前，在虚拟现实场景中主流的几种方式包括漫游交互、被动视角交互与选择决策交互，本节将介绍不同交互方式的原理、设计要点以及具体在高填方渠道管涌场景中的交互设计方案。

1. 漫游交互

虚拟现实中的漫游交互是一种让用户通过移动身体或使用交互设备（比如键鼠、手柄等），在虚拟环境中自由探索和移动的交互方式。这种交互方式旨在以更加自然、身临其境的方式增强用户与虚拟环境的互动，提升虚拟现实体验的真实感和沉浸感。用户可以自由行走、奔跑、转身等，增加参与感和探索感，同时虚拟身体映射技术将用户的真实身体动作映射到虚拟环境中的角色，实现虚拟与真实的一体化。

在高填方渠道管涌险情应急演练培训系统中，漫游交互的设计是为了让用户获得更真实、身临其境的体验，提高应急处置技能和决策能力。以下将对漫游交互的导航与控制、环境交互和警示机制进行详细描述。

漫游交互的导航与控制是确保用户在虚拟世界中自由移动和探索的关键要素。为了提供方便且直观的导航方式，系统可以配备手柄或者键鼠输入设备，让用户通过手部动作来控制虚拟角色的移动。同时，为了引导用户在复杂的场景中进行探索，可以实现漫游路径规划功能，让用户按照特定的路线进行探索。这样的设计不仅使用户可以根据自己的意愿随时切换位置，还能帮助用户充分了解不同区域的情况，提高场景的可交互性和沉浸感。

在漫游交互中，警示机制起到至关重要的作用。由于高填方渠道管涌险情是紧急情况，及时传递警示信息至关重要。系统可以通过声音提示、震动反馈或者紧急事件的视觉效果，向用户传达险情的紧急性和重要性。例如，当管涌事件发生时，系统可以发出提示音，让用户立刻做出反应。这样的警示机制能够帮助用户在演练中保持高度警觉，增强应急反应能力和情境感知能力。

在构建管涌虚拟应急演练培训系统时，为提高用户在虚拟环境工程巡检的沉浸感，使用第一人称视角的方式，结合剧情语音，推动虚拟应急演练的故事发展进程。其中，第一人称视角位置的变化主要包括移动和旋转，两种功能通过编写脚本、使用PC端按键触发或者使用手柄实现，用户以第一人称在场景中漫游。

除了固定视角展示切换，视觉提示也是被动视角交互的重要设计要点。通过标记或动态视觉效果，可以吸引用户的注意力，让他们注意到重要的演练要素。例如，在演练场景中，可以通过标记特定位置或物体，突出强调重要设备或关键管段。另外，可以利用动态效果，比如闪烁、颜色变化等，来表示紧急事件或警示信息。这样的视觉提示有助于提高用户对重要信息的敏感性和理解能力，确保信息传递的有效性。如图 4-15 展示管涌险情发生时候造成的地面鼓包，通过视觉提示相应的险情发生。

图 4-15　地面鼓包视觉提示

综上所述，被动视角交互在高填方渠道管涌险情应急演练培训系统中扮演着重要角色。通过固定视角展示和视觉提示等设计，用户能够全面了解演练场景和管涌险情的发展，提高其观察能力、感知能力和决策能力。被动视角交互与漫游交互相结合，为用户提供了全方位、多层次的应急演练体验，有效地提升应急处置技能和应变能力。

2．选择决策交互

选择决策交互是一种用户与虚拟场景中可选择元素（如 UI）通过输入设备（例如键鼠、手柄等）进行交互的方式。通过这种交互方式，用户可以推动应急演练剧情的发展，并在进行决策交互时获得反馈以获取更多应急演练信息。以险情上报为例，用户根据观察到的险情特征，通过选择正确的险情上报单位来触发虚拟巡检人员角色进行险情上报（见图 4-16）。这种交互设计采用弹窗形式，提供图文并茂的选择题，使用户可以进行选择决策，从而实现对抢险方案的学习。

图 4-16　险情上报的选择决策交互

首先，用户确认管涌险情后，需要在可选的上级单位/工作人员中进行选择。具体选项包括："管理处负责人/值班人员""河南分局分调中心""中线监管局"和"其他工作人员"。正确答案是"管理处负责人/值班人员"。

其次，用户需要根据管涌出水口的积水范围来选择合适的应急抢险方案（见图 4-17）。可选项包括："反滤围井""反滤层铺盖"和"蓄水反压"。用户通过手柄选择某个选项时，系统会通过语音提示提供该方案适用的管涌入水口积水范围。正确答案是"蓄水反压"。

图 4-17　管涌出水口抢险工具的选择决策交互

接下来，用户须根据管涌入水口的位置，选择合适的"蓄水反压"抢险工具（见图 4-18）。可选项有"无滤层围井""无滤水桶"和"背水月堤"，不同选项适用于不同的管涌口位置。用户选择某个选项时，系统会通过语音提示提供相应的信息。正确答案是"背水月堤"。

图 4-18　管涌出水口抢险工具的选择决策交互

　　在完成管涌出水口的抢险工作后，用户需要开始选择管涌入水口的应急抢险方案设备（见图 4-19）。这个选择过程是多选题，主要选项包括"水下机器人""土工布""混凝土泵车"和"水下示踪剂"。正确答案是全选这些选项。

图 4-19　管涌入水口抢险工具的选择决策交互

　　通过以上交互设计，用户能够在虚拟场景中模拟真实应急演练的情境，以图文并茂的选择题方式进行决策交互。这种设计不仅能提供实践学习的机会，还能通过系统反馈语音，帮助用户加深对应急抢险流程的理解与掌握。从选择决策交互角度考虑，这种交互设计使用户在面对不同情境时需要做出正确决策，加强了用户在应急演练中的参与度和反馈机制，促进了学习效果的提升。

4.4　小　　　结

　　虚拟演练培训是基于虚拟现实技术的先进培训方法，旨在提高特定场景下的应急反应和决策能力。通过模拟紧急情况，参与者在虚拟环境中实时演练，降低实地演练成本和风险，实现多次安全练习。本章全面探讨了虚拟演练概念、案例和构建流程，重点关注管涌场景的三维模型构建、渲染方法和交互设计。逼真渲染提供真实感受，交互设计允许自由移动、观察决策。集成构建南水北调中线干线工程高填方渠道管涌险情应急演练培训系统，以一种全新的应急演练培训方式，高效快捷地实现大批量培训人员的管涌险情应急演练培训工作。

第 5 章　中线工程风险防控知识图谱的构建与应用

由于中线干线工程输水距离长，运行环境复杂多变，导致工程运行过程面临诸多的风险。为预防工程运行过程中风险事件的发生，确保重大突发事件发生后应急抢险工作和应急救助工作能够有效开展，各类应急预案应运而生。这些资料是面对突发事件发生时进行分析研判和处置决策的主要依据，资料内容虽然详细丰富，但因其以文本方式记载且结构不标准以及来源分散，导致难以挖掘风险事件之间以及风险事件与其他因素的关联信息和隐含信息，导致突发事件发生时无法迅速、科学、有效地解决。

应急预案在我国起步的时间相对较晚，其发展历程主要经历三个重大的阶段，第一个阶段是应急预案的文本化阶段，其阶段搭建了应急预案流程结构地，搭建了应急预案框架体系，建立了纸质的应急预案，设计了众多应急预案手册，应急预案指南等文本。第二个阶段是应急预案的电子化阶段，由于文本类应急预案管理效率低下，搜索关键信息难度高，无法满足应急预案的存储、管理应用功能，因此需要将文本类的应急预案转化为电子应急预案存储在计算机中，这样一来提高管理效率的同时，也能加快查询搜索关键信息的速度。第三阶段是预案的智能化即应急预案数字化，随着大数据和人工智能领域的快速发展，人工智能的众多技术越来越多地融入应急预案的应用中来，使用 XML（eXtensible Markup Language）表示法、框架表示法、过程表示法等方法将应急预案表示成计算机可以识别的语言，结合 CBR、RBR 等技术，实现应急预案的数字化，提高应急预案的实用性，最大限度地利用应急资源。

通过对南水北调中线工程的调研，发现南水北调中线工程应急预案存在很多的弊端。第一，现有的南水北调中线工程应急预案大多为纸质类或者 PDF 图片类的形式存在，突发事件发生后，预案查询过程过于复杂，信息获取时效性低下，使得预案的价值大打折扣；第二，预案内容联系度低，缺乏事件、救援物资、人员等各个信息之间的联系，进而降低了预案的功能性；第三，应急预案发生时预案编制受限于编制人员以及决策人员的知识水平、工作背景、社会经验等因素的影响，导致预案的作用效果难以充分发挥；第四，传统搜索引擎虽然可以实现信息的检索和存储，但是检索的结果并非准确直接，需要人进一步筛选和分析。

因此，这里引入知识图谱相关技术。知识图谱（Knowledge Graph）是用一种图模型来描述知识、建模世界万物之间关联关系的技术方法，本质是一种描述实体间关系的语义网络，能够有效地表示、管理、组织海量异构动态数据，可以准确、快速地搜索信息之间的关联以及一些隐藏信息。因此，为了有效利用南水北调中线工程领域应急预案数据，充分挖掘南水北调中线工程突发事件之间的关联性，保证突发事件发生时能够及时、快速、有效地处理，基于知识图谱的南水北调中线工程应急预案数字化建设至关重要。

目前应急预案存在的主要问题是预案针对性、实用性和可操作性不强，尤其是二、三级管理机构的预案。预案一般由一人编写，各级机构未成立专门的预案编制工作小组，有时多为照搬照抄，内部没有充分讨论预案内容，不同专业预案之间存在冲突，突发事件分级标准不协调，与上级预案、外部预案衔接不到位，应急预案评审流于形式。预案未结合所管工程实际编写，突发事件风险分析不够具体，应急资源调查落实不到位，应急处置措施内容少、简单、不具体，有时还与实际脱节，突发事件发生后很难对实际抢险起到指导作用。

5.1　知识图谱概述

知识图谱的概念最早是在 2012 年由谷歌公司所提出，并应用于谷歌的搜索功能中，其初衷是为了提高搜索引擎的搜索能力，增强谷歌的搜索质量和用户的搜索体验。知识图谱采用显性的、细粒度的知识表示和存储方式，使搜索引擎具有更高的搜索质量，并且保持快速的检索响应。因此早期国外建立了大量的通用知识图谱，如 WordNet、CYC、HowNet、DBPedia 等，国内也纷纷涌现通用中文知识图谱，如 CN-Dbpedia、Zhishi.me、THUOCL、CN-Probase、Xlore。

除了通用的大规模知识图谱，各行业也在建立专行业领域知识图谱。如在医学研究领域，郝伟学通过分析整合多种数据资源，提取出相关实体和语义关系，构建中医健康知识图谱；在旅游出行领域，徐溥使用属性知识扩充方法和属性值融合方法，设计和实现了一个基于多数据源的旅游领域中文知识图谱系统；在企业管理领域，袁安云提出企业领域知识图谱设计方案、目标和框架，抽取相关实体，使用图数据库构建企业知识图谱。在电力系统领域，戴宇欣等，张俊等人基于双向长短时记忆网络与条件随机场模型进行文本信息的抽取，并建立了电力系统二次设备知识图谱，应用于缺陷设备的智能诊断与辅助决策；在金融电商领域，杜会芳、王昊奋、史英慧等人通过语义匹配、图神经网络、路径多跳、逻辑多跳等知识图谱多跳问答推理方法，研究智能问答的解决方式。

近年来，知识图谱技术应用不再局限于搜索引擎等通用领域，越来越多的垂直应用领域开始崭露头角。然而，垂直应用领域大多局限于医学治疗、旅游出行、企业管理、电力系统、电商、金融等特定领域，尚未见到面向南水北调中线工程领域的应用研究。

5.2　中线工程风险防控知识图谱构建

5.2.1　应急预案体系分析

为全面提高工程通水运行中处置各种突发事件和抗风险能力，确保在发生各类重特大事件时科学有序、高效迅捷地组织开展应急抢险、救援工作，最大限度地减少人员伤亡和财产损失，确保供水安全，南水北调应急预案体系分析至关重要。具体抽取的应急预案如图 5-1 所示。

为保证突发事件发生后可以做到早发现、早报告、早处置，南水北调应急预案组织体系设计过程中，必须覆盖工程中有可能发生的所有突发事件以及各层级管理机构，并提供相应的应急预案策划、应急响应系统、应急处置措施。这些数据由三级纵向应急预案和横向各类应急预案组成，囊括主要的应急预案以及现场处置方案。其三级纵向应急预案包括一级运行管理单位（中线建管局）层级预案、二级运行管理单位（各分局、北京市南水北调干线管理处、信息科技公司、保安公司）层级预案、三级运行管理单位（现地管理处、陶岔电厂、大宁管理所、西四环管理所）层级预案。下级应急预案和上级应急预案应该和谐地衔接，不应该有冲突。横向预案包括综合和各专项预案，综合应急预案主要内容包括各级运行管理单位的应急组织机构及职责、应急预案体系、事件风险描述、预警及信息报告、应急响应、保障措施、应急预案管理等；专项应急预案主要内容包括事件风险分析、应急指挥机构及职责、处置程序和措施等内容；现场处置方案主要内容包括事件风险分析、应急工作职责、应急处置和注意事项等内容。同一层级的横向应急预案相互之间基本独立，不存在任何服从关系，但下一级的预案和处置方案要服从上一级的预案和处置方案。

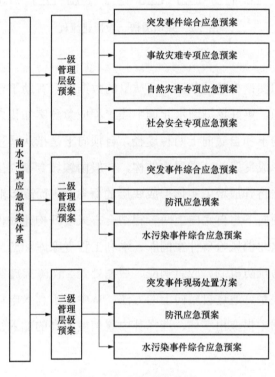

图 5-1　应急预案体系

5.2.2　知识图谱构建流程

知识图谱并非突然出现的新技术，而是历史上很多相关技术相互影响和继承发展的结果，包括语义网络、知识表示、本体论、Semantic Web、自然语言处理等，有着来自 Web、人工智能和自然语言处理等多方面的技术基因。近几年随着机器学习等技术的快速发展，自动化构建大规模知识图谱方法也得到长足的发展与完善，目前知识图谱一般构建过程如图 5-2 所示。

针对南水北调数字化应急预案知识图谱构建方法，将从知识建模、知识抽取、知识融合、知识存储这四个阶段展开构建。

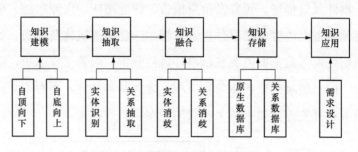

图 5-2 知识图谱一般构建流程

1．知识建模

知识建模是知识图谱构建的基础，高质量的数据模型有助于合理组织南水北调中线工程应急预案知识，更好挖掘南水北调中线工程应急预案知识之间隐藏的关系。知识建模一般有自顶向下和自底向上两种途径，自顶向下是指从最顶层的概念开始定义本体，并细化分解形成良好的分类层次结构，一般由领域专家人工编制。而自底向上则是指通过归纳总结将开放域中实体形成底层的概念，进而逐步汇集抽象形成顶层概念。本书将采用自顶向下与自底向上两者相结合方式展开构建知识图谱，通过自顶向下的方法，分析南水北调风险事件案例库、水利工程专家库和应急预案知识库，整理出组织机构、预警与预防机制、应急响应、后期处置、保障措施等抽象应急实体及应急实体各自之间的关系。通过自底向上的方法，从中国水利水电科学研究院水问知识图谱等开放链接数据中提取出实体，选择其中置信度较高的加入知识库，再抽象出应急预案相关概念。

2．知识抽取

知识抽取是实现自动化构建大规模知识图谱的重要技术，其目的在于从不同来源、不同结构的数据中进行知识提取并存入知识图谱中。知识抽取的数据源可以是结构化数据（如链接数据、数据库）、半结构化数据（如网页中的表格、列表）或者非结构化数据（即纯文本数据），面向不同类型的数据源，知识抽取涉及的关键技术和需要解决的技术难点有所不同。具体地，知识抽取包括实体抽取和关系抽取两个子任务，由于大量的数据以非结构化的形式存在，且面向文本数据的知识抽取一直是知识抽取任务的重点和难点，故以下将针对面向文本数据的实体抽取和关系抽取进行简要介绍。

（1）实体抽取。实体抽取又称命名实体识别，其目的是从文本中抽取实体信息元素，包括工程、风险事件、地点、管理处等。从文本中进行实体抽取，首先需要在文本中识别和定位实体，再将识别的实体分类到预定义的类别中。总体上可以将已有的方法分为基于规则的方法、基于统计模型的方法和基于深度学习的方法。基于规则的方法首先需要构建大量的实体抽取规则，然后将规则与文本字符串进行匹配，进而识别命名实体。这种实体抽取方式在小数据集上可以达到很高的准确率和召回率，但随着数据集的增大，手动构建规则数量也会迅速增长，并且可移植性较差。基于统计模型的方法将命名实体识别作为序列标注问题处理，首先通过大规模的标注语料对模型进行训练，再使用训练模型对目标文本进行序列解码，以此得到文本中的命名实体，常用的统计模型有决策树、隐马尔可夫模型、最大熵模型、支持向量机和条件随机场等。基于深度学习的方法直接以文本中词的向量为输入，基于词的上下文信息经过神经网络编码，得到每个词的新向量表示，最后再通过 CRF 模型输出标注结果。与传统统计模型相比，通过神经网络可以实现端到端的命名实体识别，不再依赖人工定义的特征。目前用于命名实体识别的神经网络主要有卷积神经网络、循环神经网络以及引入注意力机制的神经网络。

对于实体识别，目前主流的做法是结合 BiLSTM+CRF，自动化提取文本中的实体。其主要涉及两项技术：双向长短期记忆网络（Bidirectional Long Short-Term Memory Networks，BiLSTM）和条件随机场（CRF）。

1）长短期记忆网络（Long Short-Term Memory，LSTM）。LSTM 是循环神经网络（Recurrent Neural Network，RNN）的一种，它的设计特点使得它非常适合用来对时序数据进行建模。LSTM 总体框架如图 5-3 所示。

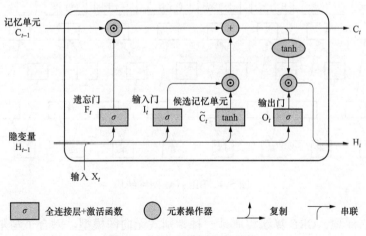

图 5-3　LSTM 模型内部结构

LSTM 模型中，F_t 为 t 时刻的遗忘门，通过输出 0-1 的值限制上一时刻记忆信息

C_{t-1} 的传递；I_t 为 t 时刻的输入门，通过输出 0-1 的值来限制输入数据；O_t 为 t 时刻的输出门，决定是否使用上一时刻的隐藏状态 H_{t-1}；其中 I_t，F_t，O_t 的计算公式如下。

$$I_t = \sigma(X_t W_{xi} + H_{t-1} W_{hi} + b_i)$$
$$F_t = \sigma(X_t W_{xf} + H_{t-1} W_{hf} + b_f) \qquad (5\text{-}1)$$
$$O_t = \sigma(X_t W_{xo} + H_{t-1} W_{ho} + b_o)$$

式中：σ 为激活函数；X_t 为 t 时刻的输入；W、b 为可训练的参数。LSTM 模型中加入候选记忆单元 $\tilde{C}_t$，融合输入门的当前 t 时刻信息与遗忘门的上一时刻记忆信息，得到当前时刻的输出记忆细胞 C_t，见式（5-2）和式（5-3）。融合输出门 O_t 和记忆细胞 C_t 信息，输出隐藏状态 H_t，见式（5-4）。

$$\tilde{C}_t = \tan h(X_t W_{xc} + H_{t-1} W_{hc} + b_c) \qquad (5\text{-}2)$$
$$C_t = F_t \otimes C_{t-1} + I_t \otimes \tilde{C}_t \qquad (5\text{-}3)$$
$$H_t = O_t \otimes \tan h(C_t) \qquad (5\text{-}4)$$

式中：$\otimes$ 为矩阵之间的点积运算；$\tan h$ 为激活函数。

2）BiLSTM 模型。传统 LSTM 模型只能从前往后传播信息，距离越远，损失量越多，无法提取长序列文本语义特征以及从后向前的语义信息，导致模型序列标注任务效果差。因此通过连接两个 LSTM 模型，分别实现从后向前以及从前往后传递信息，进而提取文本整体语义特征，该拼接模型称为双向长短期记忆网络模型，模型如图 5-4 所示。模型双向读取文本信息，拼接特征向量，读取当前字的上下文语义信息，综合考虑每个词的语义特征，得到正确的实体标签输出结果。

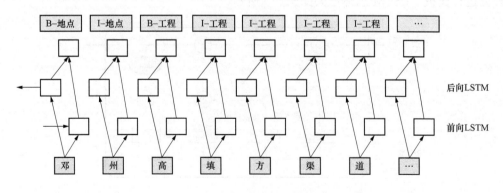

图 5-4　BiLSTM 网络结构

3）CRF 原理。CRF 算法实质是一种判别式无向图模型，融合了马尔科夫随机场模型的优点，在数据归一时能够全面地考虑标签的全局概率，能够很好地解决标签偏移问题，获得标签的全局最优结果。本书涉及的实体识别任务主要计算当前字与上下文单字组成词的概率，本质是条件随机场的概率问题，如图 5-5 所示。在链式 CRF 中，设输入序列 $X = \{X_1, X_2, \cdots, X_n\}$，输出标注序列 $y = \{y_1, y_2, \cdots, y_n\}$，CRF 算法就是通过结合当前时刻的观察状态与之前时刻的隐藏状态，在给定输入观察序列 X 的条件下，计算整个序列的联合概率分布，最终输出一个全局最优的序列标注 y，其公式如下。

$$S(X, y) = \sum_{i=1}^{n} P_{i, y_i} + \sum_{i=1}^{n} A_{y_i, y_{i+1}} \tag{5-5}$$

式中：$A_{y_i, y_{i+1}}$ 为转移矩阵 A 中标签 y_i 转移到标签 y_{i+1} 的分数；P_{i, y_i} 为序列中第 i 个字被预测为 y_i 个标签的概率。

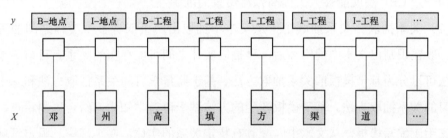

图 5-5　CRF 模型

X 编码层为输入的观测序列，y 输出层为输出的标注序列。上图呈现了输出层序列之间的关联性，表明了 CRF 模型能够学习到上下文之间的关联信息，即约束信息。

4）基于 BiLSTM+CRF 模型的实体识别原理。BiLSTM+CRF 模型识别南水北调应急预案文献资料原理如图 5-6 所示。

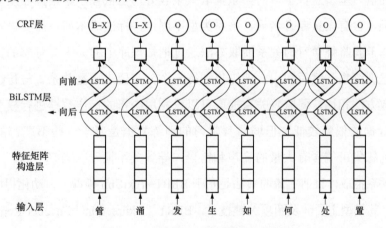

图 5-6　BiLSTM+CRF 模型原理图

如图 5-6 所示，用户基于输入层将输入资料句子使用 Word2ID 词典转换为计算机能够识别的数字 ID 串，并作为下一层的输入，例如输入"管涌发生如何处置"，可通过 Word2ID 词典转换成 [291，267，297，526，887，977，13，1] 数字 ID 串；特征矩阵构造层就是利用 ID2Vector 将数字串中的每个 ID 通过 Onehot 编码形式转化为对应的高纬度空间向量，即将输入的一维度文本句转换成二维度的特征矩阵；BiLSTM 层就是利用前向和后向 LSTM 捕捉每个字两侧的上下文特征，结合上下文特征预先输出每一个字对应的标签，例如 ['B-X', 'I-X', 'B-X', 'O', 'O', 'O', 'O', 'O']；最后的 CRF 层就是使用 CRF 模型为 BiLSTM 输出的标签添加一些约束来保证这一些预测标签的合法性，例如 CRF 模型识别到上述第三个字对应的"B-X"后跟的是"O"标签，故判断此标签为不合法标签，并将此"B-X"标签改为"O"标签，这样在 BiLSTM 后添加一个 CRF 层就能够大大提高预测结果的准确性。

（2）关系抽取。关系抽取是指从文本中抽取出两个或者多个实体之间的语义关系，一般在识别出文本中的实体后，再抽取实体之间可能存在的关系。目前关系抽取的方法可以分为基于模板的关系抽取方法、基于监督学习的关系抽取方法和基于弱监督学习的关系抽取方法。基于模板匹配的方法基于语言学知识，结合语料特点，由领域专家手工编写模板，从文本中匹配具有特定关系的实体，在小规模、限定领域的实体关系抽取问题上能够取得较好的效果。基于监督学习的关系抽取方法将关系抽取转化为分类问题，在大量标注数据的基础上，训练有监督学习模型进行关系抽取，一般步骤包括：预定义关系的类型；人工标注数据；设计关系识别所需特征；选择分类模型（如支持向量机、神经网络和朴素贝叶斯等），基于标注数据训练模型；对训练的模型进行评估。基于监督学习的关系抽取效果较好，但依赖于数据标注质量，水利领域专业性强，含有大量专有名词，关系类型不固定，标注成本高，需要投入大量的人力资源。基于弱监督学习的关系抽取方法通过把知识库中的关系与可靠的文本集进行匹配来构建训练集，然后利用此训练集训练一个分类器来预测关系。与传统基于监督的关系抽取方法相比，弱监督关系抽取可以只利用少量的标注数据进行模型学习，对人工标注数据的依赖较低，但弱监督学习的训练数据是基于一些不严密的假设生成的，因此训练集可能含有大量的噪声和错误，导致关系抽取准确率不高。

对于关系抽取，目前主流的做法是基于 BERT+TextCnn 模型，自动化提取文本中的隐藏关系。其模型主要涉及两项关键技术：BERT（Bidirectional Encoder Representations from Transformers）、文本卷积神经网络（TextCNN）。

1）BERT 原理。BERT 的本质上是通过在海量的语料的基础上运行自监督学习方法为单词学习一个好的特征表示，所谓自监督学习是指在没有人工标注的数据上运行的监督学习。在以后特定的 NLP 任务中，我们可以直接使用 BERT 的特征表示作为该任务的词嵌入特征。所以 BERT 提供的是一个供其他任务迁移学习的模型，该模型可以根据任务微调或者固定之后作为特征提取器。

　　BERT 的网络架构使用的是《Attention is all you need》中提出的多层 Transformer 结构，其最大的特点是抛弃了传统的 RNN 和 CNN，通过 Attention 机制将任意位置的两个单词的距离转换成 1，有效地解决了 NLP 中棘手的长期依赖问题。Transformer 的网络架构如图 5-7 所示。Transformer 是一个 encoder-decoder 的结构，由若干个编码器和解码器堆叠形成。图左侧部分为编码器，由 Multi-Head Attention 和一个全连接组成，用于将输入语料转化成特征向量。右侧部分是解码器，其输入为编码器的输出以及已经预测的结果，由 Masked Multi-Head Attention，Multi-Head Attention 以及一个全连接组成，用于输出最后结果的条件概率。

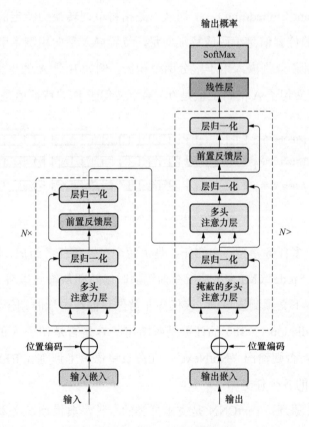

图 5-7　Transformer 的网络架构

　　BERT 主要基于 Transformer 模型进行构建，其网络架构如图 5-8 所示。其中，Trm 对应于图 5-7 的左侧部分，一个 Trm 对应一个 Transformer Block。

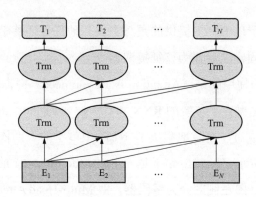

图 5-8　BERT 网络架构

BERT 输入的向量编码（长度是 512）是 3 个嵌入特征的加和，如图 5-9 所示。其中，三个嵌入分别为字词嵌入（Word Embedding）、位置嵌入（Position Embedding）分割嵌入（Segment Embedding）。字词嵌入是指将单词转换为特定的向量表示；位置嵌入是指将单词的位置信息编码成特征向量，位置嵌入是向模型中引入单词位置关系的至关重要的一环；分割嵌入用于区分两个句子，例如 B 是 A 的下文（对话场景、问答场景等），则上文句子 A 的特征值是 0，第下文句子 B 的特征值是 1。

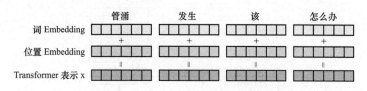

图 5-9　BERT 输入的向量编码

BERT 是一个多任务模型，它的任务是由两个自监督任务组成，即 MLM 和 NSP。Masked Language Model（MLM）是指在训练的时候随即从输入语料上 mask 掉一些单词，然后通过的上下文预测该单词，该任务非常像我们在中学时期经常做的完形填空。Next Sentence Prediction（NSP）的任务是判断句子 B 是否是句子 A 的下文。如果是的话输出"IsNext"，否则输出"NotNext"。在海量单语料上训练完 BERT 之后，便可以将其应用到 NLP 的各个任务中了。

2）TextCNN 原理。TextCNN 是文本分类的一种经典模型，文本分类的关键在于准确提炼文档或者句子的中心思想，而提炼中心思想的方法是抽取文档或句子的关键词作为特征，基于这些特征去训练分类器并分类。因为 TextCNN 的卷积和池化过程就是一个抽取特征的过程，当我们可以准确抽取关键词的特征时，就能准确地提炼出文档或句子的中心思想。其 TextCNN 模型如图 5-10 所示。

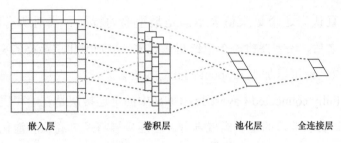

嵌入层　　　　　　　　卷积层　　　　　池化层　　　全连接层

图 5-10　TextCNN 模型

TextCNN 模型主要包括四层：第一层是嵌入层 Embedding Layer，第二层是卷积层 Convolutional Layer，第三层是池化层 Max-pooling Layer，第四层是全连接层 Fully Connected Layer。各层的详细说明如下：

嵌入层 Embedding Layer：TextCNN 使用预先训练好的词向量作 Embedding Layer。对于数据集里的所有词，每个词都可以表征成一个向量，因此我们可以得到一个嵌入矩阵 M，M 里的每一行都是词向量。这个 M 可以是静态的，即固定不变的，也可以是非静态的，即可以根据反向传播更新。

卷积层 Convolutional Layer：卷积层是 TextCNN 的核心组件之一，它通过卷积操作对输入文本进行特征提取。具体来说，卷积层使用多个不同大小的卷积核（也称为滤波器）对输入文本进行卷积操作。每个卷积核可以捕获一种特定的局部特征。对于一个文本序列，假设其长度为 n，每个词向量的维度为 d。在卷积层中，我们可以定义不同尺寸的卷积核，例如尺寸为 $h×d$，其中，h 表示卷积核的窗口大小，d 表示词向量的维度。通过对文本序列进行滑动窗口操作，卷积核从左到右依次与文本进行卷积计算，得到一个特征图。卷积操作的目的是提取文本中的局部特征。通过使用不同尺寸的卷积核，我们可以捕获不同大小的局部特征。较小的卷积核可以捕获更细粒度的特征，而较大的卷积核可以捕获更宽范围的特征。因此，TextCNN 能够同时考虑不同级别的特征信息。在进行卷积计算后，通常会应用非线性激活函数（如 ReLU）来引入非线性变换。这有助于模型更好地学习复杂的特征表示。

池化层 Max-pooling Layer：卷积层之后通常会添加一个池化层，用于减小特征图的维度，并提取最重要的特征。常用的池化操作是最大池化，它选取特征图中每个通道的最大值作为该通道的输出。池化的特点之一就是它输出一个固定大小的矩阵，降低输出结果的维度，能够保留显著的特征。由于在卷积层过程中我们使用了不同高度的卷积核，使得我们通过卷积层后得到的向量维度会不一致，所以在池化层中，我们使用 1-Max-pooling 对每个特征向量池化成一个值，即抽取每个特征向量的最大值表示该特征，而且认为这个最大值表示的是最重要的特征。当对所有特征向量进行 1-Max-Pooling 之后，还需要将每个值给拼接起来。得到池化层最终的特征向量。在池化层到全连接层之前可以加上 dropout 防止过拟合。

全连接层 Fully connected Layer：TextCNN 中的全连接层是在卷积层和池化层之后进行特征提取和表示学习的重要组成部分。全连接层将经过卷积和池化处理的特征映射转换为最终的分类结果，是整个模型的输出层。在 TextCNN 中，全连接层通常由一个或多个全连接神经网络层组成，这些层能够学习到从卷积和池化层提取的特征中抽取更高阶的特征表示，最终输出文本的分类结果。全连接层通过权重矩阵的线性变换和激活函数的非线性作用，能够对文本特征进行更深层次的挖掘和表征，从而能够更好地捕获文本中的抽象特征和语义信息，帮助模型进行更精准的文本分类。此外，全连接层还能够通过反向传播算法进行参数的优化和训练，使得模型能够根据输入文本自动学习到最佳的特征表示，从而提高了模型的性能和泛化能力。

3）BERT+TextCNN 关系抽取原理。一定程度上，短句子的关系抽取可以转化为句子的多标签分类问题，需要构建相应的分类模型来实现分类任务。例如输入的短句子"管涌出现如何解决"，这一个语句中的关系就是管涌的控制措施。现有预训练语言模型主要包含浅层词嵌入和预训练上下文编码器两类。浅层词嵌入的典型代表是 Word2Vec、Skip-Gram、GloVe 等；预训练上下文编码器的典型代表是 ELMo、BERT 等。本书研究结合 Bert 和 TextCNN 来实现关系的抽取。该 BERT+TextCNN 模型由词嵌入层、卷积层、池化层和全连接层构成，如图 5-11 所示。

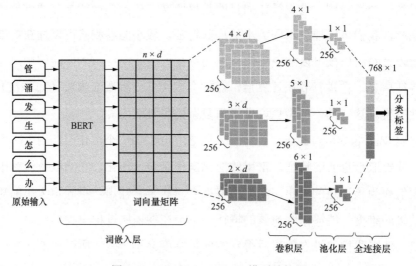

图 5-11　BERT+TextCNN 模型结构图

首先，输入的南水北调应急预案相关问句经过词嵌入层得到等长的向量化表示，即将原始输入进行 Token 嵌入、段嵌入和位置嵌入的表示后，输入至 BERT 并生成词向量矩阵 $E \in R^{n \times d}$，其中 n 为输入长度，d 为词向量维度（d=768）。令 $x_i \in R^{n \times d}$ 表示输入中第 i 个词的词向量，则长度为 n 的输入 $X = [x_1, x_2, \cdots, x_n]$。

然后，通过 TextCNN 的卷积层进行卷积运算生成特征图。令卷积核为 $w \in R^{n \times d}$，d 为卷积核的宽度，h 为卷积核高度。本研究设置三种卷积核，依次为（h=2，d=768）、（h=3，d=768）、（h=4，d=768），且卷积核的输入通道为 1，输出通道为 256。将卷积核 w 与词向量矩阵 E 中的第 i 个窗口内的词向量进行卷积操作，得到特征 c_i。本研究应用 ReLU（Rectified Linear Unit，修正线性单元）作为激活函数，通过卷积核 w 与词向量矩阵 E 中所有窗口内的词向量进行卷积操作后，再经过 ReLU 函数得到特征图。

再经过 TextCNN 的池化层进行最大池化运算，即针对卷积运算得到的每一个特征只取其中的最大值，压缩保留最重要的特征信息。卷积核 W 对应生成的特征图 c 经过池化操作的结果为 $c = \max\{c\}$。通过联结所有卷积核的池化结果，得到新的特征 $z = [c_1, c_2, \cdots, c_k]$，其中 k 为卷积核总数量（k=768）。

最终在全连接层中，使用 Softmax 激活函数输出分类结果，同时 z 将以 0.1 的概率被随机丢弃。全连接层的输出结果 y 计算公式如下：

$$y = \mathrm{softmax}[w_{\mathrm{dense}} * (z^o r) + b_{\mathrm{dense}}] \qquad (5\text{-}6)$$

式中：y 为分类结果；w_{dense} 和 b_{dense} 分别为全连接层的参数和偏置量；$R \in R^m$ 为掩码向量，用于随机丢弃 z 中的元素；运算符 o 表示位相乘。

综上所述，由于可供抽取的预案数据较少，本图谱采用半人工半自动化的方式完成南水北调图谱的知识抽取。首先通过人工的方式从南水北调风险事件案例库、水利工程专家库和应急预案知识库中抽取出三元组数据，同时将已抽取数据作为知识抽取模型训练数据，进而完成对后续文本资料的自动化抽取，最后采用人工的方式进行校验缺陷数据和补充遗漏数据。对于模型的选取，本书将采用基于 BiLSTM-CRF 实体识别模型和卷积神经网络关系抽取模型完成自动化知识抽取的功能。

3．知识融合

知识图谱包含描述抽象知识的本体层和描述具体事实的实例层。本体层用于描述特定领域中的抽象概念、属性、公理；实例层用于描述具体的实体对象、实体间的关系，包含大量的事实和数据。一方面，本体虽然能解决特定应用中的知识共享问题，但事实上不可能构建出一个覆盖万事万物的统一本体；另一方面知识图谱中的大量实例也存在异构问题，同名实例可能指代不同的实体，不同名实例可能指代同一个实体，大量共指问题会给知识图谱的应用造成负面影响。因此需要对抽取的数据进行知识融合，来得到规范统一的描述，以形成高质量知识图谱，知识融合是知识图谱构建中不可缺少的一环。知识融合包含两个任务：本体对齐和实体对齐。本体对齐是将多个知识图谱的概念层级体系进行融合，这一步的关键在于找到等价概念，由于概念层级体系非常重要且规模可控，目前主流的系统主要采用人工的方法进行匹配以保证融合的质量。实体对齐的具体流程可以分为数据预处理、分块、成对对齐和集体对齐四个模块。其中数据预处理是为了解决实体命名不统一的问题，主要方法包括去除实体名称上的标点符号、进行同义词扩展等。分块是通过启发式策略将不同数据源中相似实体分配到相同的块中，减少实体间两两比对的次数。例如，根据实体所属的概念进行分块，"人物"和"建筑"两个概念下的实体是不可能等价的，可以分配到不同的块中。实体对齐算法又分为成对对齐和集体对齐。成对对齐只根据一个实体对中的两个实体本身的信息进行匹配，本质上是一个二元分类问题。监督学习的成对对齐方法可以利用已有的部分知识图谱间的等价实体作为训练集，定义人工特征训练分类器，包括支持向量机、决策树、神经网络等方法；无监督学习的成对对齐方法主要根据现有的知识进行实体的相似度判断，如翻译词典、同义词典、实体名称相似度（Jaccard 系数、Dice 系数和编辑距离）等。而集体对齐会考虑将整个知识图谱的信息进行匹配，该方法主要分为两种：一种是基于相似度传播的方法，基本思路是基于初始匹配经过迭代计算产生新的匹配；另一种是基于概率模型的方法，基本思路是将全局实体匹配的概率最大化，常用的方法包括贝叶斯网络、LDA、条件随机场和马尔可夫逻辑网等。目前较为流行的是基于表示学习的方法，通过多个知识库联合表示学习，将实体对齐问题转化为两个知识图谱中的实体相似图计算问题。由于南水北调应急预案知识图谱属于领域知识图谱，实体的词义应用范围有限，故采用基于命名实体属性关系的相似性比较法，将各组多个数据源的同类别命名实体以及所选属性存储在表中，对各属性设置权重，计算所有属性的加权值判断实体的相似度，实现知识融合。

4. 知识存储

随着知识图谱规模的日益增长，数据管理愈加重要。一方面以文件形式保存的知识图谱显然无法满足用户的查询、检索、推理、分析及各种应用需求；另一方面，传统数据库的关系模型与知识图谱的图模型之间存在显著差异，关系数据库无法有效地管理大规模知识图谱数据。为了更好地进行三元组数据的存储，语义万维网领域发展出专门存储 RDF 数据三元组库；数据库领域发展出用于管理属性图的图数据库。总的来说，大致有以下三种知识图谱存储方案：基于关系数据库的存储方案、面向 RDF 的三元组数据库和原生图数据库。关系数据库通常不会被直接用于知识存储，但由于其具有成熟的技术体系，使得不少 RDF 存储系统使用关系型数据库作为底层存储方案，实现对 RDF 数据的存储。RDF 是 W3C 推荐的表示语义网上关联数据的标准格式，RDF 也是表示和发布 Web 上知识图谱的最主要数据格式之一。每个 RDF 三元组（s，p，o）代表一个陈述句，其中 s 是主语，p 是谓语，o 是宾语，（s，p，o）表示资源 s 与资源 o 之间具有联系 p，或表示资源 s 具有属性 p 且其取值为 o。面向 RDF 的三元组数据库是专门为存储大规模 RDF 数据而开发的知识图谱数据库，其支持 RDF 的标准查询语言 SPARQL。主要的开源 RDF 三元组数据库包括 Apache 旗下的 Jena、Eclipse 旗下的 RDF4J 以及源自学术界的 RDF-3X 和 gStore。原生图数据库是一种基于属性图模型存储和查询数据的数据库系统，属性图模型由顶点、边及其属性构成，节点通过标签（Label）进行分组且节点可以有一个或多个标签，关系则有且只有一种类型，关系是有向的，从一个开始节点指向结束节点，属性为节点和关系提供额外的元数据和语义。原生图数据库与传统的 SQL 等数据库相比，具备图形结构数据存储和遍历的功能，灵活的图存储结构能对数据结构较为复杂的关联关系、动态关系变化较快的海量数据存储和管理，解决了关系型数据库存储图结构数据时出现的空间浪费等问题。它不仅能对数据关联关系进行快速匹配、遍历和查找，同时出于天生的可扩展性，还适用于高度关联的数据关系建模。由于图数据库能处理关系高度复杂数据，甚至能根据历史数据预测未来走势，因而被广泛应用于社交网络、地理空间、数据管理等多个领域。常见的图数据库有 Neo4j、JanusGraph、OrientDB 和 Cayley 等。

由于南水北调工程跨度大，沿线涉及水利建筑物众多且水利行业术语繁杂，为了更好地对数据进行分类，以方便后续应急预案推理生成等工作的展开，采用图数据库 Neo4j 对知识图谱数据进行存储。本书涉及的应急预案是与风险事件一一对应地，三元组关系可表示为＜应急预案，关联，风险事件＞，但同一风险事件由于不同的严重等级会对应多个应急预案，所以通过将应急预案生成影响因素以节点属性的方式存储在图谱中，扩充推理可选特征，以提高预案生成的准确性，使用基于属性图模型的原生图数据库进行知识存储是较好选择。

5.3 中线工程风险防控知识图谱的应用

5.3.1 风险评估

由于南水北调工程沿途距离长，地质情况复杂，输水建筑物众多，因此为保障输水建筑物的正常运行，充分识别和评估工程运行中各种不确定性因素引起的风险显得至关重要。基于国内外已有研究成果的基础上，收集总结不同建筑物类型在运行过程中可能遇到的风险事件、风险因子及其引发关系，并将其相互关联形成灾害网络即风险全景图。图 5-12 为渡槽的风险全景图。

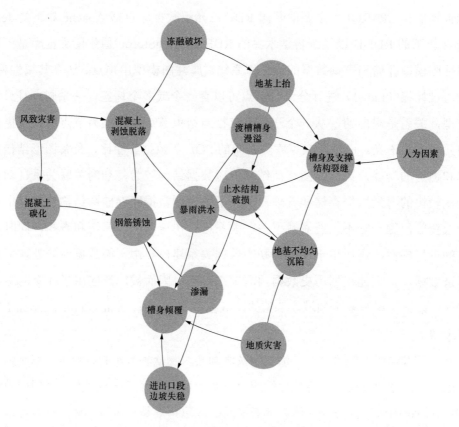

图 5-12 渡槽的风险全景图

从灾害网络的角度对灾害风险进行研究，可以更加有效地进行灾前准备和灾中处理，以减少由灾害连锁效应带来的损失。为了对灾害网络节点之间不确定性关系强弱进行度量，我们采用贝叶斯网络模型对网络节点之间的转换概率进行推理计算。贝叶斯网络主要包括网络结构和网络参数两个部分。网络结构即一个有向无环图，可根据图谱中的风险全景图转化得到，即图谱中的实体和关系分别对应网络中的节点和有向边。网络参数即条件概率表，目前条件概率需根据专家经验评估得出。

假定地质灾害发生的先验概率为 1，则可根据贝叶斯公式推理得出钢筋锈蚀的概率，即 $p=p$（a）$\cdot p$（b|a）$\cdot p$（c|a）$=0.15×0.23=0.0345$。同理从网络的根节点出发可依次求出其子节点可能发生的概率，并最终求出建筑物失效的概率。图 5-13 所示为一个简单的贝叶斯网络。

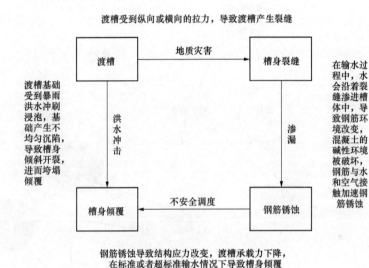

图 5-13 基于贝叶斯网络的风险评估示例图

计算各个节点的发生概率，即从图中已发现节点出发，利用各条边的条件概率，计算未发现节点的概率。渡槽建筑物状态条件概率见表 5-1。

表 5-1 渡槽建筑物状态条件概率表

风险因子	渡槽	槽身裂缝	钢筋锈蚀	槽身倾覆
渡槽	1（渡槽正常运行）	15%（地质灾害）		0.5%（洪水冲刷）
槽身裂缝	—	—	23%（渗漏）	—
钢筋锈蚀	—	—	—	2%（不安全调度）
槽身倾覆	—	—	—	—

已知渡槽运行概率为 1，经计算槽身裂缝的概率为 15%，钢筋锈蚀的概率为 15%×23% = 3.45%，槽身倾覆的概率为 3.45%×2%+0.5%=0.569%。通过贝叶斯网络估计的概率统计分析方法，研究了渡槽系统中存在的安全风险及其出现的概率水平，为了提高风险管理的针对性，现将概率区间 0～1 分为 4 段，分别为 0-0.25、0.25～0.5、0.5～0.75、0.75～1，对应颜色设置为红、橙、黄、蓝，假定子节点均在其父节点异常状态下可能发生的概率，则渡槽的风险全景图如图 5-14 所示。

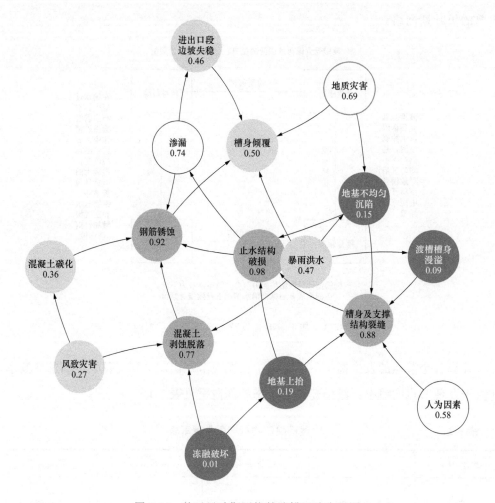

图 5-14　基于贝叶斯网络的渡槽风险全景图

5.3.2　智能问答

为了辅助沿线工作人员便捷、高效管理各类工程，本书提出了基于知识图谱的南水北调风险防控智能问答方法。

1．智能问答方法设计流程

为了准确理解、分析、回答用户提交的问题，本书基于语义解析方法，设计并实现风险防控智能问答方法，流程如图 5-15 所示。

首先使用 BiLSTM+CRF 实体识别模型识别用户提问内容中的关键内容，得到问句候选实体列表；其次基于 BERT+TextCNN 意图识别模型对问句进行关系抽取，得到问句意图；接着通过问句意图筛选问句候选实体列表，得到问句主题词；然后采用 Word2Vec+Jaccard 实体对齐算法将主题词实体对齐于图谱实体；最后利用图谱检索推理技术，结合答案生成模板，返回用户提交问题的文本答案。

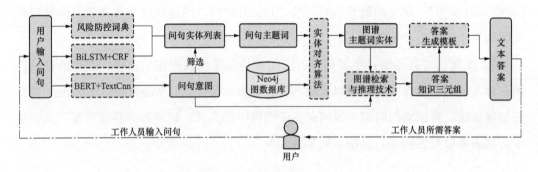

图 5-15　智能问答方法流程图

2．自然语言问句理解

工作人员输入的问句形式复杂，包含多个实体和关系，并且涉及图谱三元组的数量也不止一个，能否准确理解用户问题语义，直接影响问答效果。本书基于语义解析的方法，将自然语言理解任务拆分为两个子任务：问句主题词抽取与匹配、问句意图识别。

（1）问句主题词抽取与对齐。主题词是自然语言问句的核心，问句的答案往往依赖于主题词相关的信息，存在于图谱主题词的相关三元组。基于风险防控知识图谱的数据特点，本书将问句主题词识别与匹配任务划分为三个部分：①通过实体识别方法，抽取问句中的候选实体列表；②利用抽取的问句意图筛选问句候选实体列表，得到问句主题词；③采用实体对齐技术，将主题词实体对齐于图谱实体。依据上述三个部分，下文对其展开具体介绍。

1）抽取问句候选实体列表。首先，基于构建的风险防控知识图谱，通过将图谱中的所有节点以文本的形式存储，生成风险防控领域词典；其次，将词典加载入 Jieba 分词工具，用以划分领域实体；然后，基于 BiLSTM+CRF 实体识别模型，识别问句所有实体；最后，将上述两种方法抽取的实体及标签存储成列表的形式。以"邓州地段徐家生产桥存在哪些风险事件？"为例，基于词典分词方法以及实体识别模型，可得到实体候选列表——［邓州（ADDRESS），徐家生产桥（PROJECT）］。

2）筛选主题词。主题词的选择通常取决于问句意图，不同的问句意图对应于不同的主题词。本书基于映射的方法确定主题词，即定义映射规则方法，将问句意图映射到实体标签类别，进而筛选候选实体列表，得到问句主题词。定义各类问句意图对应的实体标签，当问句意图为"存在风险事件"时，映射实体标签为"工程"。以"邓州地段徐家生产桥隐藏哪些风险事件？"为例，基于意图识别模型识别出问句意图为"存在风险事件"，确定映射实体标签为"PROJECT"，筛选候选实体列表，得到问句主题词为"徐家生产桥"。

3）主题词对齐图谱：主题词对齐于图谱是图谱检索推理的前提，其目的是解决用户输入问句中存在的同义词以及输入错误现象。本书基于 Word2Vec 的 Jaccard 实体相似度算法，将识别的问句主题词对齐于图谱中的实体，进而提高后续答案三元组生成的准确率以及召回率。算法步骤见表 5-2。

表 5-2　　　　　　　　　　　主题词对齐图谱算法流程

步骤编号	步骤说明
步骤 1	利用 Jaccard 算法匹配与主题词相关的前 20 个图谱候选实体列表
步骤 2	基于 Word2Vec 模型融合识别的候选实体列表特征
步骤 3	利用弦相似度公式计算融合实体特征与图谱候选实体的距离
步骤 4	采用加权平均的公式计算步骤 1 与步骤 3 的得分，排序输出最终主题词

以输入"邓州地段徐家家生产桥隐藏哪些风险事件？"为例，包含错误的主题词实体"徐家家生产桥"。首先将此问句主题词输入图谱中进行查询，返回为空；再通过主题词对齐图谱算法，返回对齐于图谱的问句主题词"徐家生产桥"。

（2）问句意图识别模型构建。问句意图识别是指获取用户问句的查询目的，即从问句中抽取出实体的隐藏关系类型，本质是分类任务。例如用户输入问题"徐家生产桥有哪些风险隐患？"该问句的意图为"存在风险事件"，即识别出问句实体"徐家生产桥"的潜在关系"存在风险事件"。

考虑到风险防控领域智能问答中大多为短文本语句，词汇少信息丰富，并且无用词汇居多，导致文本结构特征存在稀疏性。对比于传统关键词匹配方法，基于深度学习能够抽取问题的语义信息。传统分类模型 TextCNN、TextRNN 能够抽取领域内文本语义特征，但通用语义特征较难抽取。虽然 BERT 预训练模型能够抽取通用语义特征，但是领域信息抽取能力弱。

针对上述文本存在的问题，结合各深度学习模型优点，本书提出了基于 BERT+TextCNN 的意图识别模型。模型架构如图 5-16 所示。

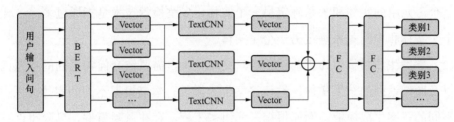

图 5-16　基于 BERT +TextCNN 的意图识别模型架构

首先基于 BERT 预训练模型，将用户输入的句子切分为一串字符，每个字符通过 BERT 模型转换成字向量，携带通用语义信息；其次将每个字向量通过 TextCNN 模型，提取风险防控领域语义信息；最后将句子以概率形式投影到各类标签，选取最大值作为意图识别任务的结果。

3．基于知识图谱的答案生成方法

（1）图谱推理检索技术。针对风险防控智能问答领域的图谱推理，本书只涉及演绎逻辑推理，其包含建立规则与做出推理两部分，其可解释性强并且推理精度高，推理流程如图 5-17 所示。例如建立二跳推理规则＜风险事件，对应控制措施，控制措

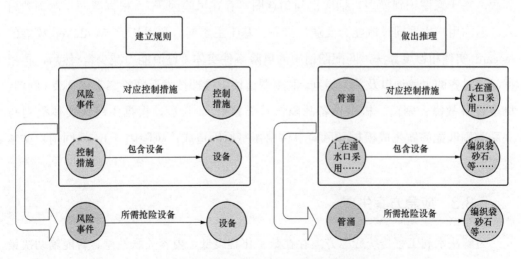

图 5-17　基于规则的图谱推理流程图

施＞，＜控制措施，包含设备，设备＞推出为＜风险事件，所需抢险设备，设备＞并写入 CQL 查询语句中，即可实现由图谱中存在的两个三元组＜管涌，对应控制措施，在涌水口采用…＞，＜在涌水口采用…，包含设备，编织袋砂石等…＞，推出一个未知三元组＜管涌，所需抢险设备，编织袋砂石等…＞。

针对图谱检索技术，本书只包含一跳和多跳检索技术。其中，一跳检索技术是指通过一个三元组的实体和关系确定另一个实体，多跳检索技术是指通过多个三元组中的一个头实体和中间关系确定另一个尾实体。

（2）答案生成模板。为正确返回用户文本答案，需要结合问句返回的主题词与关系，以及图谱返回的结果实体，设计答案生成模板。本书根据不同的实体关系类型，设计不同的答案生成模板。例如根据三元组＜工程，存在风险事件，风险事件＞，设计答案模板"工程存在的风险事件有：风险事件"；根据三元组＜风险事件，存在风险因子，风险因子＞，设计答案模板"风险事件产生的原因：风险因子"等，并根据其返回的主题词以及图谱结果实体，依次替换答案模板中的抽象概念实体，最终返回用户所需的文本答案。

（3）案例分析。基于抽取并对齐的问句主题词，结合识别的问句意图，利用图谱推理检索技术以及答案模板生成用户所需文本答案，实现风险防控智能问答。

以用户输入问句"邓州市严陵河渡槽过流能力变弱由哪些原因造成？"为例，答案生成具体过程如图 5-15 所示。首先，利用风险防控词典以及实体识别模型，识别出实体列表以及标签：邓州市（地点）、严陵河渡槽（工程）、过流能力变弱（风险事件）。其次，基于意图识别模型，抽取出问句意图"存在风险因子"，根据意图主题词映射表，返回用户主题词过流能力变弱。接着，基于主题词，利用基于 Word2Vec 模型的 Jaccard 实体相似度算法，匹配图谱中的风险事件实体"过流能力减少"。然后，再根据问句对齐的主题词以及关系类别，利用图谱检索推理技术返回答案实体列表（闸门、机电设备故障；闸门、机电设备故障；贝类繁殖）。最后，根据主题词实体类别与关系类别匹配答案生成模板（风险事件由哪些原因造成：风险因子），返回用户文本答案。

5.3.3　应急方案生成

为解决水利工程传统应急方案存在数字化程度低、内容关联性差、智能辅助决策不足等问题，本书结合知识图谱与深度学习技术，提出基于水利工程巡检文本的应急方案智能生成方法。

1．应急方案智能生成方法设计流程

本书提出知识驱动的南水北调中线工程应急方案智能生成方法，流程如图 5-18 所示。首先，对巡检文本进行实体识别，即基于 BERT+BiLSTM+CRF 模型识别巡检文本中隐藏的知识，如险情所在工程、险情所在地点、风险事件、险情发生部位等实体。然后，进行实体对齐，将识别的风险事件与知识图谱中的风险事件进行匹配，即利用 Word2Vec 模型结合 Jaccard 算法融合所识别的风险事件、工程、险情发生部位三类实体特征，与知识图谱中的风险事件进行特征相似度计算，实现目标风险事件对齐图谱风险事件。最后，将识别与对齐的实体结合应急方案模板，利用图谱检索推理技术智能生成应急方案。

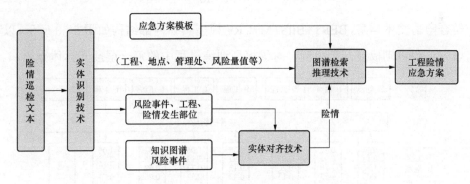

图 5-18　南水北调中线工程应急方案智能生成流程图

2．基于 BERT+BiLSTM+CRF 模型的险情相关实体识别

由于巡检人员大多为非专业人士，缺乏水利领域专业知识，导致每个巡检人员提交的巡检文本存在较大差异，对同一个风险事件也会有不同描述，导致巡检文本中会存在大量多词同义现象。因此应急方案的生成首先要对巡检文本进行语义分析，识别文本中的风险事件、工程等险情相关实体。

考虑到水利专业领域词典的稀缺以及领域标注数据的不足，本书采用深度学习中的迁移学习方法，基于 2019 年 Devlin 提出的深度学习模型 BERT，构建 BERT+BiLSTM+CRF 模型识别险情文本实体。BERT 模型预训练于大规模通用中文语料库，通用语义信息获取能力强，但领域语义信息抽取效果差。而 BiLSTM+CRF 模型正好可以弥补这一缺点，只需在较小量级的标注数据内训练，就能获得文本领域语义信息。两者相互结合，进行微调训练，既能有效避免大量标注数据，又能获得较高的实体识别准确率。

本书构建的 BERT+BiLSTM+CRF 网络模型结构如图 5-19 所示。基于预训练 BERT 模型，连接 BiLSTM 模型，同时将 BiLSTM 模型与 BERT 模型的输出进行串联，通过全连接层映射到水利实体标签，并利用 CRF 层修正生成正确的预测标签。

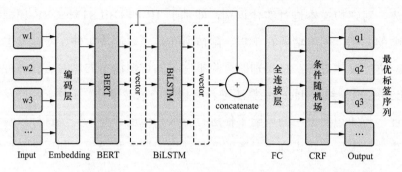

图 5-19　BERT+BiLSTM+CRF 模型网络结构

结合险情文本信息，BERT+BiLSTM+CRF 模型具体内部结构如图 5-20 所示，以"邓州高填方渠道衬砌板裂开"为例，对该模型训练过程中的每一层展开具体介绍。

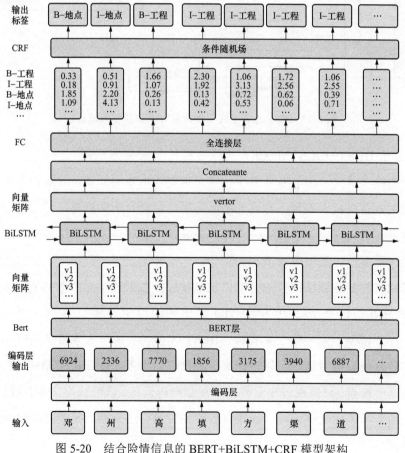

图 5-20　结合险情信息的 BERT+BiLSTM+CRF 模型架构

（1）输入层。险情信息"邓州高填方渠道衬砌板裂开"由 YEDDA 标注工具将其转换成 BIO 标签形式的字符串"B-Loc I-Loc B-Pro I-Pro I-Pro I-Pro I-Pro B-Eve I-Eve I-Eve I-Eve I-Eve"。其中，B 代表实体首字标签，I 代表实体中部标签及尾标签，Loc 代表地点，Pro 代表工程、Eve 代表风险事件。

（2）编码层。该层主要由 tokenize 对输入险情进行字符分割，并将字符转化成机器可识别的数字编码列表 input=［6924 2336 7770 1856 3175 3940 6887 6137 4774 3352 6162 2458］，依据下一层 BERT 的输入格式，加入起始标号 101、分句编号 102 以及 0 元素组成的 segment_id 列表以及 position_id 列表。

（3）BERT 层。将编码层输出的数字列表输入 BERT 的嵌入层，得到数字列表的嵌入矩阵 $X=［x_1, x_2, x_3, x_n］$，转换公式见式（5-6）：

$$\begin{cases} X = [x_1, x_2, x_3, \cdots x_n] \in R^{n \times H} \\ x_i = E_i^t + E_i^p + E_i^s, i = 1, 2, 3, \cdots, n \end{cases} \tag{5-7}$$

式中：n 为输入的字符个数；H 为 BERT 向量输出的维度，一般为 768 维；x_i 代表每个字符经过嵌入后的字向量；E^t 代表编码层转换的数字列表 input；E^s 代表句子的时序信息（由于 BERT 训练时输入为两个句子，此处表示为第一个句子或者第二个句子）；E^p 代表字序列的位置编码信息。BERT 嵌入层会融合上述三者信息，利用向量相加的方式将向量投影到高维空间中，得到输入后续 Transformer 编码器的输入向量 x_i。然后，将嵌入向量 X 输入 BERT 层，抽取巡检文本中的通用语义特征，得到 $n \times 768$ 大小的输出向量 $T=［t_1, t_2, t_3, \cdots, t_n］$，其中每一个 t_i 为 768 维度的向量。

（4）BiLSTM 层。将 BERT 层的输出向量 T 传入到 BiLSTM 层，获取领域文本的上下文特征，使字向量携带巡检文本的背景语义信息，并输出为向量序列 $O=［o_1, o_2, o_3, \cdots, o_n］$，每一个 o_i 为 BiLSTM 隐藏变量的个数，此处设置 o_i 为 128 维。

（5）Concatenate 串联层。Concatenate 串联层目的是让每一个字向量融入更多的语义信息，将 BERT 的输出向量 T 与 BiLSTM 的输出向量 O 进行串联，加强文本领域语义特征以及通用语义特征的提取，从而提高实体识别准确率。Concatenate 串联层将 O 与 T 串联，得到输出向量 $E=［e_1, e_2, e_3, \cdots, e_n］$。其中 e_i 向量的维度为 o_i 与 t_i 维度数的和。

（6）全连接层。全连接层（Fully Connected Layer，FCL）主要用于将高维向量映射到低维向量或者将低维向量投影到高维向量。此处将 Concatenate 串联层输出的 896 维向量 E 映射到 17 维空间向量中，输出得分序列 $S=［s_1, s_2, s_3, \cdots, s_{17}］$，$s_i$ 由 17

维向量构成，分别代表 17 类水利实体标签对应的可能性取值。

（7）CRF 层。CRF 层能够自主学习、自动更新大小为 17×17 的转移矩阵 M，计算得分序列 S 与转移矩阵 M 的损失函数，最终输出最优的水利实体标签序列。

综上所述，该实体识别模型最初通过编码层将文本转化为机器可识别的数字编码列表；传入 BERT 层，抽取巡检文本中的通用语义特征并生成字向量；通过 BiLSTM 层使字向量携带巡检文本上下文语义信息；利用全连接层将字向量转换成水利实体标签；最后利用条件随机场对水利标签进行修正，输出最优的水利实体标签序列。

3．基于 Word2Vec 的 Jaccard 实体相似度算法

水利工程险情巡检文本中抽取的风险事件往往不完全相同于图谱中的风险事件，存在缩略词、多义词等现象，例如"恐怖袭击"对应于缩略词"恐袭"，"排水孔淤堵"对应于多义词"排水孔堵塞"等，因此预案生成前需将巡检文本中的风险事件对齐于图谱中的风险事件。

实体对齐与匹配主要依赖于实体相似度计算。传统实体相似度计算方法主要基于 Jaccard 算法，准确率高但召回率低并且词语缺乏语义信息。目前常用的实体相似度计算方法有三种：一是基于词典或某种分类体系，常见词典有 Hownet、Wordnet 和同义词词林，这三种词典的构造方法互不相同，但都限制于通用领域，难以适用于水利工程专业领域；二是基于上下文向量空间的统计方法，以 Google 的 Word2Vec 词语向量化工具为代表，将词语映射到空间向量中，通过向量的距离来计算相似度；三是基于深度学习的方法，但其所需语料库庞大，计算量与成本过高。本书基于 Word2Vec 模型的 Jaccard 实体相似度，给出一种结合词频和语义的风险事件相似度计算方法。

Word2Vec 词向量表示模型是目前市场上主流的分布式表示模型，通过无监督学习的方法，在所给的语料库中学习模型参数，进而将文本转化为具有语义特征的空间向量。Word2Vec 词向量表示模型其主要包含 CBOW（Continuous Bag of Words Model）模型和 Skip-Gram（Conti-nuous skip-gram Model）模型，本书以南水北调中线工程险情抢险体系总体方案文本资料以及风险防控手册中的非结构化文本信息作为语料库，训练 CBOW 和 Skip-Gram 模型。其中，CBOW 模型的核心思想为利用上下文关系词预测中心词，Skip-Gram 模型的核心思想为利用中心词预测上下文关系词。CBOW 模型通过训练三层神经网络得到字向量，其训练目标为最大化对数似然函数 L，函数 L 见式（5-7）。

$$L = \sum_{w \in c} \log P[w \mid D(w)] \qquad (5\text{-}8)$$

式中：$D(w)$表示文本中字 w 以外的其他字；w 为语料库出现的任一单字；c 为语料库所有字集合。以最大化对数似然函数为目标，计算字 w 在上下文中出现概率，实现字 w 或上下文的预测，生成携带语义信息且一对一映射的字向量。本书结合两者模型，将输出的向量进行串联，并提供给下游应急预案智能生成中实体相似度计算的应用。

研究发现，两个词语相似度越高，它们共同的词也就越多。Jaccard 模型本质上就是计算相同词占据所有词的比例，进而衡量两个句子的相似性，句子相似性计算公式见式（5-8）。

$$\text{Sim}(S,T) = \frac{\|\text{Inter}(S,T)\|}{\|\text{Union}(S,T)\|} \qquad (5\text{-}9)$$

其中，$\text{Inter}(S,T)$表示文本 S 和文本 T 的共同词汇，$\text{Union}(S,T)$表示文本 S 和文本 T 的所有词汇。

4．实体相似度计算过程

实体相似度计算方法的实现思路如图 5-21 所示。

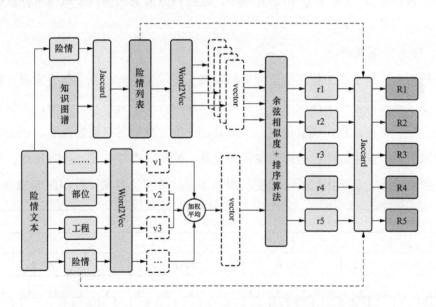

图 5-21　基于 Word2Vec 的 Jaccard 实体相似度算法实现思路

基于 Word2Vec 的 Jaccard 实体相似度算法具体步骤如下：

（1）以南水北调中线工程险情抢险体系总体方案以及风险防控手册中的非结构化文本信息作为语料库训练 Word2Vec 字向量模型，得到每个字的字向量 V_{Word}。

（2）由上文实体识别模型得到风险事件、工程、险情发生部位作为目标实体集 $A=$ $[a_1, a_2, a_3]$。

（3）将目标风险事件实体 a_1 与图谱中的风险事件候选实体集 $T=[t_1, t_2, t_3, \cdots, t_n]$ 作为 Jaccard 实体相似度算法的输入，根据粗粒度排序输出风险事件候选实体列表 $W=[w_1, w_2, w_3, \cdots, w_n]$，利用 Word2Vec 模型把列表 W 转换为风险事件实体候选特征向量 $H=[h_1, h_2, h_3, \cdots, h_n]$。

（4）将目标实体集 A 输入 Word2Vec 模型得到向量 $V=[v_1, v_2, v_3]$，利用加权平均法将各类实体特征向量融合成一个目标特征向量 aim，并与候选特征向量 h_i 做余弦相似度计算，返回每个风险事件候选实体 t_i 的得分 $S=[s_1, s_2, s_3, \cdots, s_n]$。其中，余弦相似度计算公式见式（5-10）：

$$\cos\theta = \frac{aim \cdot h_i}{\|aim\| \times \|h_i\|} \tag{5-10}$$

（5）将目标实体集 A 与风险事件候选实体集合 T 作为 Jaccard 算法的输入，输出每个风险事件候选实体 t_i 的得分 $Q=[q_1, q_2, q_3, \cdots, q_n]$。

（6）将得分 S 与得分 Q 相加并排序，返回得分最高的前五个风险事件候选实体 $R=[r_1, r_2, r_3, r_4, r_5]$。

5．应急方案模板

分析南水北调中线工程风险防控手册以及工程险情抢险体系总体方案设计报告，应急方案分为四部分：工程概况、险情分析、抢险方案、备料点。其中，工程概况包括所属工程、所在地点、风险量值、风险级别；险情分析包括诱发因子、相关风险事件、导致后果、发生部位；抢险方案包含设备、物资、存储位置、抢险措施；备料点包含备料点编号、总干渠桩号、长度、面积等。具体应急方案模板如图 5-22 所示。

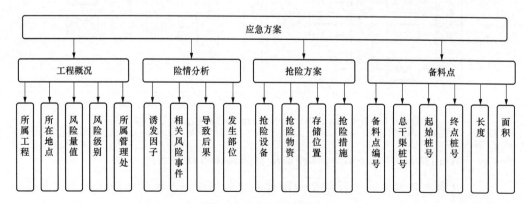

图 5-22　应急方案模板

6．应急预案智能生成结果分析

基于实体对齐的图谱风险事件实体和实体识别的工程、地点、险情发生部位等实体，结合应急方案中的各个要素，利用图谱推理技术中的规则推理以及图谱检索技术，实现应急方案智能生成。

以"邓州管理处高填方渠道桩号 K15+125～K16+140 处渠堤堤身发生渗漏现象"险情巡检文本为例，输入实体识别模型，返回标签以及险情相关实体：管理处（邓州管理处）、工程（高填方渠道）、桩号（K15+125～K16+140）、险情发生部位（渠堤堤身），以及风险事件（渗漏现象）。根据 Jaccard 算法粗粒度排序生成 20 个图谱风险事件候选实体，见表 5-3。

表 5-3　　　　　　　　　　　　风险事件候选实体列表

候选实体			
涵身渗漏	结构渗漏	控制闸渗漏水	调压塔渗漏水
箱涵渗漏	集中渗漏	调压井渗漏水	地基渗漏失稳
接缝渗漏	箱涵渗漏水	隧洞衬砌渗漏	集中渗漏、流土
止水渗漏	结构缝渗漏	下穿箱涵渗漏	建筑物渗漏
渠道渗漏	明槽渗漏水	保水堰渗漏水	闸室渗漏

结合 Jaccard 算法和 Word2Vec 模型融合工程、风险事件、险情发生部位三个实体特征，从图谱中匹配相似度最高的前五个风险事件实体。利用图谱检索技术，返回风险事件匹配实体以及相应处置措施，见表 5-4。

表 5-4　　　　　　　　　　风险事件匹配实体以及相应处置措施

匹配实体	匹配概率	处置措施
渠道渗漏	0.7708	（1）对填方渠道，在渗漏出口设置压浸平台，防止水土流失； （2）必要时采用小型围堰进行水下浇筑膜袋混凝土
集中渗漏	0.7618	（1）在集中渗漏出口设置压浸平台，防止水土流失； （2）迅速查明渗漏通道； （3）靠近渗漏通道入口处采用黏土、土工膜封闭渗源
接缝渗漏	0.7450	（1）在渠坡渗漏出口设置压浸平台，防止水土流失； （2）必要时对结构缝进行临时灌浆处理； （3）在灌溉渠道无水情况下，进行结构加固、补强处理
止水渗漏	0.7418	在冬季无水情况下，或水量不大时进口临时封堵，采用左岸截流沟将水流疏导至其他排水建筑物，然后进行灌浆处理
流土	0.7269	检查结构缝止水，如止水破损，可采取更换止水，或者对结构缝缝面采用柔性材料进行加固

结合识别的实体列表以及应急处置方案模板，利用图谱推理技术与图谱检索技术智能生成险情应急处置方案，返回方案如图 5-23 所示。该"渠道渗漏"应急方案中包含险情相关信息识别结果、险情相关演练及处置事件、图谱风险事件匹配列表、风险事件预防控制手段、图谱概览、工程概况、抢险方案、险情分析、备料点 9 大板块：图谱概览展示风险事件"渠道渗漏"相关的知识；工程概况展示工程实体"邓州高填方渠道"的相关信息；抢险方案包含抢险需要的物资与设备；险情分析阐述"渠道渗漏"的成因、导致后果、相关风险事件以及险情发生部位等内容。

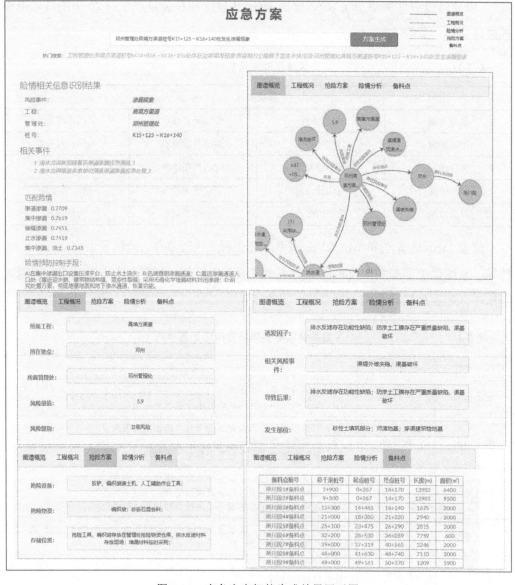

图 5-23　应急方案智能生成结果展示图

5.4　小　　　结

知识图谱是人工智能的一个分支，旨在采用图结构来建模和记录世界万物之间的关联关系和知识，以便有效实现更加精准的对象级搜索。近几年随着知识表示和机器学习等技术的发展，知识图谱相关技术取得了突破性的进展，特别是知识图谱的构建、推理和计算技术以及知识服务技术，都得到了快速的发展。知识图谱的相关技术已经在搜索引擎、智能问答、语言理解、推荐计算、大数据决策分析等众多领域得到广泛的实际应用。因此将知识图谱技术应用到水利行业，建立一个具有语义处理能力与开放互联能力的知识库，在数字化应急预案领域拥有重大应用价值及广阔前景。

第6章 中线工程应急指挥管理系统建设

中线工程安全运行涉及的对象多、业务广，伴随着极端天气变得易发、频发，中线工程面临的应急管理形势愈加严峻，各部门在应急业务上的分工和协作需要信息化的支撑。依托智慧中线顶层设计和建设思路，中线工程应急管理指挥系统基于智慧组织、智慧底座两大支撑体系，采用统一的安全防护体系和标准规范，集成现有各类防汛信息系统，并结合"大物云移智"等新一代信息技术，与中线工程信息化发展深度融合，创新应急管理工作理念，全面提升应急事件预警响应、应急指挥、应急处置能力，为中线工程应急管理的发展提供重要引擎和动力。

本章阐述中线工程应急指挥管理系统的建设背景、架构设计，以及关键模块的实现成果，为类似水利信息化系统的建设提供参考。

6.1 系 统 介 绍

6.1.1 建设背景与意义

根据运行管理的需要，中线工程建管局先后建设了一批业务系统来提升工作效率，但现有信息系统的应用主要面向日常运行，在突发事件的应对上有所欠缺。同时，各业务系统之间存在着交叉和联系，使得应急管理的信息化开展过程中，工作人员需要在不同系统之间切换使用，造成效率低下、重复填报等诸多不便。从以下几个方面的问题出发，提出建设中线工程应急指挥管理系统，具有重要的现实意义。

1. 整合现有信息化系统的数据资源，建设面向应急管理的专门作业平台

虽然中线工程建管局已经建立了防洪、防汛、气象、冰情、工程安全、视频等监测监控系统，但这些系统仅仅是实现各自专业领域的信息采集和信息管理；由于所关

注的作业对象不同，各个系统都自建了数据库和用户权限，有些系统还设置了物理隔离，无法轻易实现信息的集成；各信息化系统之间缺少协同，例如工程防洪、中线防汛与中线天气等系统既独立开发又有内在联系。这些问题使得应急管理部门难以从宏观层面了解中线工程的风险状况和抢险工作进展。因此，需要对各类业务平台进行信息抽取与数据集成，以数据大屏的方式实现中线工程风险态势的可视化管控。

2．建立规范的应急业务数字化流程，满足精细化管理的要求

尽管已有信息化系统积累了海量的工程运行数据，但对数据分析挖掘的深度不足，无法为中线工程应急管理提供直接可用的情报；早期水利工程安全管理和应急管理的标准化尚未成熟，系统在数据研判分析上依赖各自领域的专家经验，导致无法实现有效的信息沟通。因此，需要在完善应急管理各项工作规范的同时，对信息化建设进行持续改进、推陈出新，在强化数据治理工作的同时，提升应急管理的功能性。

3．现有平台技术陈旧，亟须新一代信息技术赋能

新一代信息技术不断渗透包括水利在内的各个行业，在中线工程现有数字化、网络化建设的基础上，构建面向应急管理的智能化应用是形势所需。本书在前面章节已经充分论述了如何利用新一代信息技术赋能中线工程应急管理工作，应急管理指挥系统的建设要充分利用物联网、大数据和云计算等基础设施，基于人工智能技术，建立工程运行大数据挖掘分析方法，构建工程安全风险智能预警模型；基于虚拟现实技术，建立应急演练培训虚拟环境，实现典型险情应急方案预演；构建中线工程风险防控知识图谱，面向风险场景智能生成应急预案。

6.1.2　建设目标与内容

系统建设按照"统一标准、整合资源、科技创新、持续发展"的指导思想，以突发事件的"预"和"防"为主体，实现对风险监测、巡查值守、会商研判、应急响应全过程的规范化管理。构建科学高效、左右互通、上下联通的融合指挥体系，实现应急指挥"一张图"、应急协同"一体化"、应急处置"一条线"。在新一代信息技术的支撑下，提升对突发事件的预见能力，提高风险预警与会商决策指挥能力。有效支撑各类突发事件发生后，能够快速、高效、有序地开展抢险应急工作，减少人员伤亡和财产损失，确保工程安全和供水安全。系统设计时应围绕上述目标，重点建设如下内容：

1．"平、战"结合的应急信息管理模式

构建综合监测一张图在"平时"掌握各类风险因素的监测情况，对海量数据融合分析，生成动态预警，在发现重要预警时转换到战时状态。在"战时"记录风险事件会商研判的组织、协调、计划工作，跟进事故处置的人员、物资、进度等信息，结合智能化手段提供各环节的辅助决策支持。

2．应急管理知识库体系

通过对现有各类应用系统梳理，整合现有应急相关的信息化资源，接入沿线周边第三方数据资源，智能抓取外部预警数据，实现基础资源的全面整合，同时实现数据融合管理，初步建立南水北调中线应急管理知识库体系，实现全方位数据融会贯通，实现智能化应用管理。

3．全流程智能化应急管理业务应用体系

围绕突发事件的"预报、预警、预演、预案"主体内容，全面梳理南水北调中线现有应急业务流程及管理规范，构建南水北调中线全流程智能化应急管理业务应用体系，实现全面的监测、预测及预报分析，落实标准化应急值守流程管理，提供便捷、智能的应急会商研判支撑，满足全流程的应急响应跟踪及提升应急保障管理。

本项目充分利用新一代信息技术中大数据分析技术，设计基于新一代信息技术的南水北调中线工程应急指挥系统，以大数据、云计算等技术为基础，将各部门分布式存储的数据信息、应急资源和软硬件资源通过处理后，形成为相关用户提供中线应急指挥系统服务的资源池。

由于各部门都有应急管理的预案、法制、机制和体制，一些部门还具备信息系统和信息资源，所以基于新一代信息技术的南水北调中线工程应急指挥系统建设的核心词就是"整合"和"协同"，整合是手段，协同是目标。整合贯穿于业务体系、信息应用系统，协同是实现统一协调、统一调度、高效利用所有资源，以应对平时运行以及战时应急。

6.2 系 统 架 构

6.2.1 总体架构设计

系统总体架构遵循智慧中线顶层设计的要求，以基于微服务风格的应用支撑服务作为项目核心层，通过服务来实现数据资源的统一管理和业务应用的统一调配。按照此架构设计原则，需要构建基于统一标准要求的应急综合数据库、基于微服务模式的应用支撑服务、基于统一接口规范的应急管理指挥系统和移动应用。中线工程应急指挥管理系统总体架构如图 6-1 所示。

图 6-1　中线工程应急指挥管理系统总体架构

1．数据源

本系统数据源包括已建的中线天气 App、工程防洪、中线防汛、安全监测等系统数据，还包括通过交换共享或爬虫方式获取的气象、雨情、水情、地震等监测预报数据。数据类型包括基础数据、业务数据、空间数据、监测数据、预报数据等。

2．应急综合数据库

应急综合数据库以结构化数据、非结构化数据和流数据作为存储体系，先后整合工程防洪系统数据库、中线天气数据库、防汛管理数据库及沿线在用的水利部相关系统数据，并结合防汛抗旱气象会商、洪水预报系统的汇集数据和交换数据，最终升级和扩展为应急综合数据库。

在此基础上进行数据治理和挖掘工作，包括监测数据源完善、数据交换配置、数据库分类、数据建模和数据分析，从而实现多源异构数据的汇集和融合，为应急管理指挥系统的业务应用提供可靠的数据存储和服务。

3．应用支撑服务

基础支撑服务作为整个系统的核心层，为底层数据和上层业务应用提供了关键的连接通道，该层级设计是否合理、搭建是否规范将直接影响上层业务应用的复用和扩展能力。本项目应用支撑服务参考智慧中线顶层设计的总体架构设计要求，包括基础支撑服务和业务应用支撑服务，分别对应总体架构设计中的应用后台、应用中台和应用前台。

业务支撑服务主要以公共服务为主，包含数据统计分析、知识图谱、自然语言处理、语音识别、语音合成、规则引擎等。实现公共服务的积累和共享，可供中线其他业务应用系统调用，符合智慧中线对应用后台的"服务化"架构模式定位。

4．应急管理指挥系统

应急管理指挥系统建立在应用支撑服务层的基础之上，实现中线局、分局、管理处各级用户的综合监视、防汛管理、值班管理、应急保障、预警响应、应急指挥、智能问答、资料管理、事务管理和系统运维等功能。

5．移动应用

在建设功能完善的应急管理指挥系统 PC 端的同时，针对差旅、巡查、会商等外勤作业场景，开发面向自动化办公、监视数据查询、业务流程审批、信息上报、视频通信等移动应用需求，开发应急管理 App。

6．标准规范体系

系统用户成员为中线局、分局和管理处相关人员。依照对应部门建立标准分类机制，保证强制性标准得到严格执行。

7．安全防护体系

以中线局现有软硬件基础、安全体系和管理规章规范为基础进行完善，提供本系统运行的基础软硬件环境和信息安全防护，同时，以现行制度和标准规范落实系统建设和运行管理。

6.2.2 系统部署与运行环境

现场 7 台服务器按照以下方式进行部署，其中数据交换服务器部署在业务外网，其余服务器部署在业务内网。

7 台服务器中，平台应用服务器对应着 Nacos 服务中心、后端微服务、NodeJS 前端网关服务和 Nginx 反向代理服务。Nacos 支持国产化数据库，从 Nacos 2.2 版本开始，增加了对国产数据库的支持；国内有多种微服务框架，如阿里巴巴的 Spring Cloud Alibaba 和腾讯的 Spring Cloud Tencent 等，完全支持国产化应用；NodeJS 可以在国产龙芯架构上运行，并已适配相关操作系统。搜索引擎方面 Transwarp Scope 是星环科技自主研发的国产搜索引擎，兼容了 ElasticSearch 接口。这些信息表明，许多关键技术组件都有相应的国产化替代方案，支持自主可控的需求。服务器配置清单见表 6-1。

表 6-1　　　　　　　　　　　　　　服务器配置清单

序号	名称	配置	数量	备注
1	平台应用服务器	CPU≥4 颗，内存≥32GB，硬盘≥1T	1	部署前后端应用程序
2	数据库服务器	CPU≥4 颗，内存≥16GB，硬盘≥1T	2	部署主从数据库服务
3	文件存储服务器	CPU≥4 颗，内存≥16GB，硬盘≥1T	1	部署文件存储服务
4	搜索引擎服务器	CPU≥4 颗，内存≥16GB，硬盘≥500G	1	部署搜索引擎服务
5	视频接入服务器	CPU≥4 颗，内存≥32GB，硬盘≥1T	1	部署视频接入服务
6	数据交换服务器	CPU≥4 颗，内存≥16GB，硬盘≥500G	1	连接互联网

整个系统部署划分可以参考图 6-2。

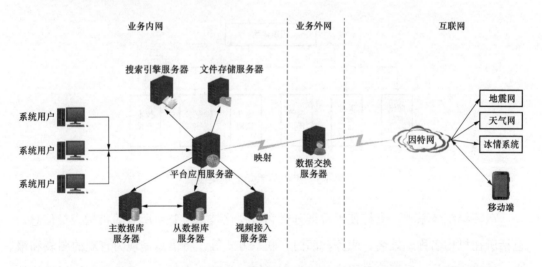

图 6-2　系统部署图

6.3　应 急 准 备

6.3.1　组织体系

1．需求分析

组织体系是为了应对紧急事件或灾害而建立的一套组织结构和职责分工的框架。

它确保在紧急情况下，各个部门和人员能够协调合作，高效地应对和管理紧急事件，以减少损失、保护人员安全，并最大限度地恢复正常的运行状态。通过对组织体系的有效管理，可以保障应急响应的组织协调和指挥顺利进行，确保在紧急情况下能够迅速调动各级组织机构的力量和资源。

该模块的功能需求是对机构人员的管理，但并非只是单一的人员信息管理。关于角色与权限，组织体系需要定义不同角色的权限和职责，确保每个成员拥有适当的权限，并且能够访问和执行他们需要的功能，而不能越权操作。这样可以防止信息泄露和不当使用数据。

2．功能设计

该模块集成中线防汛已有的防汛组织机构信息、地方机构、专家库，并补充建设其他应急机构、主管部门、技术支持等新单位，对组织体系信息进行管理，包括信息的展示、查询、填报、修改、删除、导入、导出等管理。其功能框架如图 6-3 所示。

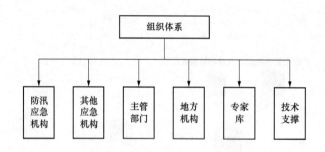

图 6-3　组织体系功能框架图

在该组织体系中，支持使用数据分析和可视化技术，整合所有的机构人员信息，包括所在机构名称、姓名、职务、部门、联系方式等，将信息呈现为直观的图表和报告。该模块整体上采用信息层次结构进行组织，从整体到部分，通过绘制组织机构的组织图，展示应急指挥部和不同小组之间的层级关系和职责划分，形象化地展示组织体系。在具体细节上则采用树状结构组织，信息通过树状结构进行组织，形成分支和节点，便于快速导航和查找。

3．系统实现

如图 6-4 所示，系统针对六个三级模块分别构建可视化的编辑页面，防汛应急机构、其他应急机构、主管部门、地方机构、专家库和技术支持采用数据库管理系统，建立组织体系的信息库，便于进行展示、查询、填报、修改、删除、导出导入等操作。

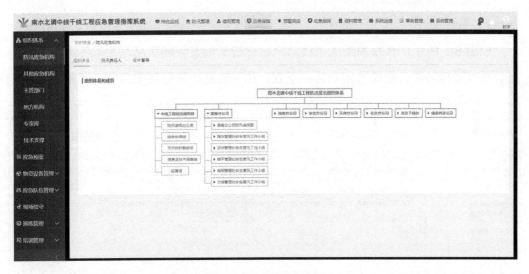

图 6-4　组织体系页面设计

6.3.2　应急预案

1．需求分析

应急预案是为应对突发事件或紧急情况而制定的行动计划。它旨在确保组织或个人在灾难、事故或其他危机时能够有效应对，并最大限度地减少损失和风险。应急预案模块的有效管理是应急指挥系统的核心部分，能够为应急响应提供明确的工作指引和步骤。

该模块的需求是使用合理的信息管理方式来提高应急响应的效率和质量，从而更好地保障人民群众的生命财产安全。随着人工智能和大数据技术的不断进步，应急预案模块可以引入智能化应用，包括基于数据分析的灾害风险评估、智能化的预案生成和优化，以及智能化的应急响应决策支持，提高预案的实用性和科学性。

2．功能设计

在应急预案模块中，中线建管局、分局、当地管理处可上传、修改、删除管辖范围内的各类应急预案的信息，包括防汛预案、抢险预案、疏散预案等。模块会自动将应急预案内容整理为文件文档的形式，以 PDF、Word 等格式存储，方便用户下载和阅读。按照中线建管局、分局、管理处对所有预案进行统一管理，针对不同的服务对象默认提供相应管辖范围内的预案，以列表展示预案文档类型、发布单位等信息。表格可以按照不同灾害类型、应急预案类型等字段进行分类和排序。当下载相应预案后，可查看预案的主要内容、应急措施、责任分工等具体信息。

3．系统实现

如图 6-5 所示，该模块集成中线防汛已有防汛预案管理功能，补充各类突发事件应急预案管理功能，提供预案上传、下载、预览功能，查看预案编制、评审等状态。

图 6-5　应急预案页面设计

6.3.3　物资设备

1．需求分析

物资设备管理对工程防洪自有物资和社会物资进行信息化管理，旨在为物资设备管理提供全面、规范和高效的支持，确保物资设备信息的准确记录和实时跟踪，使应急指挥系统能够在紧急情况下迅速调配和使用所需资源。

随着信息技术的不断发展，物资设备模块可以进一步实现数字化管理。采用物联网技术、云计算和人工智能等，可以实时监测物资设备的状态和库存情况，提高物资设备管理的精确度和效率。在物资设备调拨、领用、退库等流程中，可以引入智能化审批系统，通过自动化和智能化技术，加快审批流程，减少繁琐的人工操作，提高审批效率。

2．功能设计

在南水北调中线工程应急指挥系统中，物资设备模块主要功能包括物资设备统计、物资设备列表、验收入库管理、领用出库管理、物资退库管理、维修审批管理、物资调拨管理、社会物资管理、基础信息维护，实现对抢护物资设备基本情况的查询统计，其功能框架如图 6-6 所示。

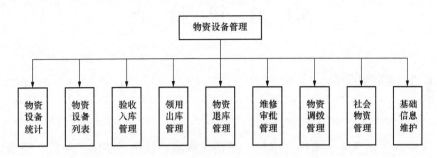

图 6-6　物资设备管理功能框架图

物资设备是指在应急响应过程中需要使用的各类实物资源，如救生器材、食品、饮用水、通信设备等。模块会使用数据表格的方式，将物资和设备的信息以表格形式组织，按照不同类别、规格、存储位置等字段进行分类和排序，方便查阅和管理。同时将仓库和存放物资设备的区域绘制成地图，标记不同物资和设备的存放位置，便于实时查看库存情况。后台则采用数据库管理系统，建立物资设备的信息库，便于数据的存储、查询、更新和备份。

3. 系统实现

如图 6-7 所示，系统对九个三级模块分别构建可视化的编辑页面，对物资基础信息、入库、出库、退库、调拨、维修、巡库等信息进行展示、查询、填报、修改、删除、导出导入等操作。

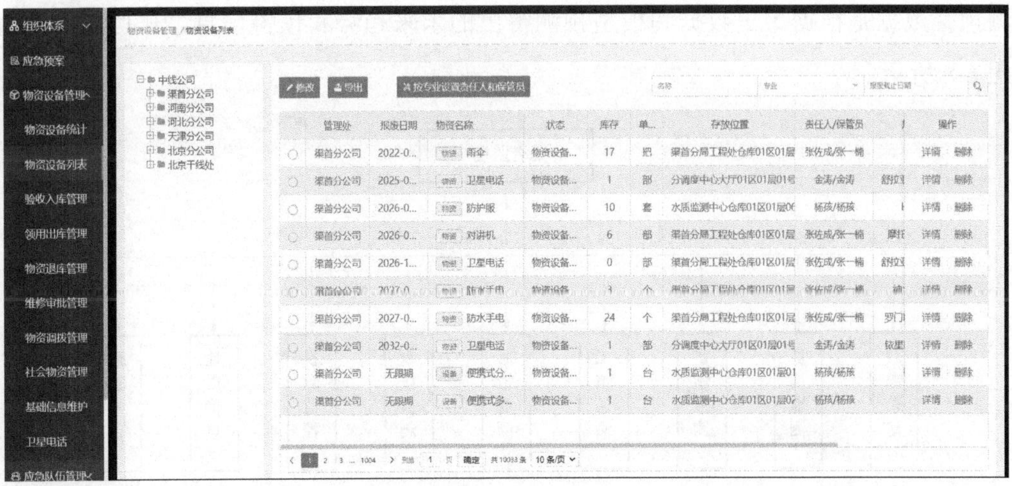

图 6-7　物资设备页面设计

6.4 监 视 检 查

6.4.1 综合监视

1. 需求分析

综合监视包括气象、雨情、水情、工情、水质、视频、冰情、地震、恐袭共九类实况监测，并对以上九类预警信息进行统一管理，旨在提供南水北调中线沿线防汛应急相关所有实时监测信息，实现及时预警，及时发现应急事件和险情信息，提高突发事故响应速度，有效降低事故影响范围和程度。

在未来，系统可以逐步引入人工智能技术，并进一步发展自动化的决策模块，使系统能够自动分析数据、预测可能的风险，实现智能决策支持。如引进机器学习的方法，能够提供了强大的数据分析和决策支持能力。通过对大量历史数据的学习和分析，系统能够揭示出不同要素之间的因果关系，帮助预测潜在问题并制定相应的应急措施。这种系统在应急响应和风险管理方面具有巨大潜力。

2. 功能设计

综合监视属于一级模块，汇集了多种监测数据。按照数据类型分为实时监测数据、历史数据和预测预警数据。实时监测数据包括各类监测要素的实时数据，如温度、水位、水质等。历史数据则是存储过去一段时间内的监测数据，用于回顾和分析。预测预警数据是根据历史数据和模型预测得出的未来趋势和预警信息。其功能框架如图 6-8 所示。

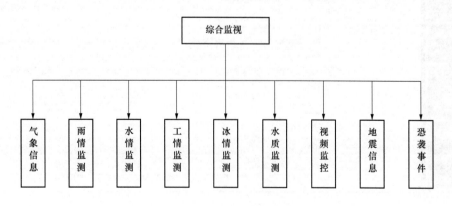

图 6-8 综合监视功能框架

模块将会使用图表的方式，将各类监测数据以直观的形式展示，如折线图、柱状图等。并汇集防汛相关的气象、雨情、水情、工情、风险项目、防汛检查、突发事件等各类统计信息，标记不同监测点位和监测值，基于一张图进行综合展示，方便查看各区域情况。

3．系统实现

如图6-9所示，系统对九个二级模块分别构建可视化的编辑页面，同时集成了中线天气App、气象专报、降水监测、气温监测、低温提示、雷达监测、风四云图、环境监测、降水预报、气温预报、预警信号等数据，支持各种数据的查询、填报、修改、删除、导出PDF等功能。

图6-9　综合监视页面设计

6.4.2　值班管理

1．需求分析

值班管理模块的设计是为了确保系统24h运转和紧急事件得到及时处理。通过值班人员的合理排班和有效的交接，应急指挥系统能够在关键时刻及时响应和处置突发事件，保障工程运行的安全和稳定。

2．功能设计

该模块集成工程防洪系统已有防汛值班管理功能，补充开发一键生成防汛日报、防汛简报、气象专报、排班调班等功能，提升防汛值班管理效率。值班管理包括防汛值班、应急值班、突发事件报告、电话记录、传真管理、短信管理、统计报表等功能。其功能框架如图 6-10 所示。

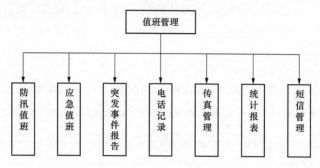

图 6-10　值班管理功能框架

值班管理模块中人员值班管理将人员信息、值班时间表、交接记录等以表格形式记录，排班时间表则以日历或列表方式展示；对于事件报告电话记录等以列表形式展示其通信记录，记录每次的基本信息；各项值班和通信数据的统计信息，例如值班次数、通话次数、传真次数、短信次数等，则以图表或表格形式展示统计报表，方便数据的可视化和分析。

3．系统实现

如图 6-11 所示，系统针对值班管理的功能分别构建可视化的编辑页面，防汛值班、应急值班、突发事件报告、短信管理、统计报表后台采用数据库管理系统，建立组织体系的信息库，便于进行展示、查询、填报、修改、删除、导出导入等操作。

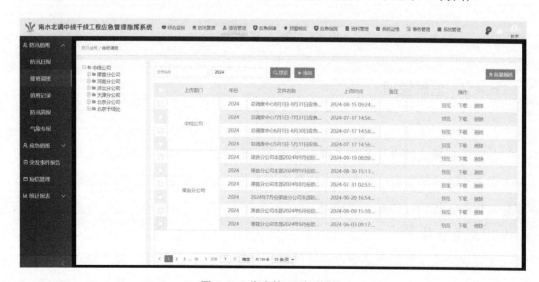

图 6-11　值班管理页面设计

6.4.3　专项巡查

1．需求分析

专项巡查为新建模块,旨在加强工程的安全管理和应急响应能力,通过专项巡查,可以及早发现潜在风险和问题。专项巡查能够对工程关键部位、重要设施和易发生事故的区域进行有针对性的检查和监测,及时发现潜在的安全隐患,并采取预防措施,避免事故的发生。

后续专项巡查可以进一步发展和完善,综合考虑环境、设施、水质等多个维度,全面掌握工程运行状况,为应急决策提供更全面的信息支持,实现更高水平的应急管理和响应能力。同时,将专项巡查与应急演练融合,通过模拟实际应急事件,检验专项巡查的实际效果,可以进一步提高应急响应能力。

2．功能设计

该模块以列表或表格形式组织,展示巡查任务的基本信息,包含任务名称、起止时间、巡查区域、巡查内容等字段,并在地图上播放巡查人员巡查轨迹。轨迹播放集成路线为信息科技公司数据平台从工程巡查系统获取巡查轨迹数据,南水北调应急系统再通过数据平台获取,进行存储。巡查反馈的信息则以表单或文本框形式组织,允许巡查人员提交巡查结果、发现问题、建议等信息,并支持上传巡查过程中采集到的图片、视频等多媒体数据。

3．系统实现

如图 6-12 所示,系统对专线巡查进行可视化编辑,支持巡查计划信息的展示,增

图 6-12　专项巡查页面设计

删改查，数据的导入、导出。巡查计划包括巡查类型、巡查工程、巡查时间、巡查人员、电话、班次、关联预警通知等。

6.5 预 警 响 应

6.5.1 预警通知

1．需求分析

预警通知是系统的重要功能模块，它用于快速、准确地向相关人员和部门发送预警信息，以便及时采取应急措施和做出决策。随着人工智能和大数据技术的不断发展，预警通知可以逐步实现智能化。未来的系统可以进一步整合多种信息源，包括气象数据、水质数据、设施运行数据等，综合分析不同数据之间的关联性，为预警通知提供更准确的依据。针对不同类型的应急情况，可以建立更精细化的预警模型。系统可以根据实际情况设定不同的预警阈值和响应措施，使预警通知更具针对性和实用性。

2．功能设计

该模块主要包括中线建管局、分局发布及解除的汛期、冰期，国家防总或省防办发布的汛期预警信息、沿线气象部门发布突发事件等预警通知。

预警通知模块将各种监测和预警系统的预警信息，如洪水预警、地质灾害预警、强风预警等以列表或表格形式组织，展示预警信息的基本信息，方便用户查看预警内容和来源，并提供预警通知上传、查询、预览、删除、下载等功能。管理人员可以设置通知群组，将相关人员归类到不同的群组中，方便根据预警类型或区域进行快速通知。

3．系统实现

如图 6-13 所示，预警通知按照内部预警、外部预警、内部响应、外部响应分别编辑可视化页面，页面内可按照预警类别、预警时间、发布时间、发布单位等条件筛选查询，查询结果以列表的形式展示。

6.5.2 自动告警

1．需求分析

自动告警模块的设计旨在实现对系统、设备或环境异常情况的实时监测和及时响应。该模块需具备实时监测系统运行状况、设备状态或环境参数的能力，能够灵活配置告警条件、分析多源数据、识别异常并进行多级别分级。同时，提供灵活的通知方式，包括短信、邮件等，以及记录和分析历史告警数据的功能。模块还应具备可扩展性，允许管理员根据需要增加新的告警条件和处理规则，确保系统的安全性和用户反馈机制，以便用户参与告警准确性的提升。这些特性共同确保自动告警模块在提升系统稳定性、安全性和可靠性方面发挥关键作用。

图 6-13　预警通知页面设计

2. 功能设计

系统将实时监测关键设施和关键区域的运行状态和数据，当自动监测系统检测到异常情况时，将自动生成相应的告警信息，包括告警类型、位置、时间等详细信息，并将告警信息发送给相关责任人和部门，包括工程运维人员、应急指挥中心等。然后提供自动告警的处理流程和指导，确保相关责任人能够按照规定的程序和时限进行处理和响应。

3. 系统实现

如图 6-14 所示，可视化页面以列表或表格形式组织，展示实时告警的基本信息，包括来自自动监测系统的实时告警信息，记录工程设施和区域出现的异常情况，可能还包括传感器数据、监测数据等，方便用户查看当前告警情况。同时以列表或表格形式组织，显示历史告警的基本信息，以便分析和回顾。

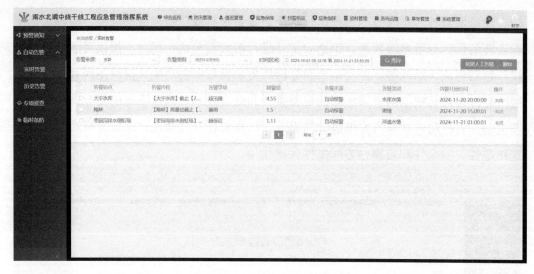

图 6-14　自动告警页面设计

6.5.3　临时备防

1．需求分析

临时备防模块是为了应对特定事件和突发情况而设立的临时备用应急措施。该模块旨在应急情况下，快速调动和部署资源，采取临时措施以应对紧急情况，确保工程运行安全。指挥人员可以将特定任务指派给相应的责任人，并在临时备防模块中跟踪任务执行的进度和结果。临时备防模块记录各个应急事件的详细信息，包括事件发生时间、地点、影响范围、处理措施等。指挥人员可以通过模块生成事件汇报，向上级主管部门和相关方汇报应急响应情况。

2．功能设计

临时备防模块以列表或表格形式组织，展示各类应急资源的基本信息，包括各类应急资源的信息，如应急队伍、专业人员、救援设备、物资库存等，方便快速查阅和调度。同时显示任务指派的详细信息和执行进度，支持跟踪任务状态，记录应急响应中的事件信息和相关汇报，用于归档和分析。

3．系统实现

如图 6-15 所示，系统针对四个三级模块分别构建可视化的编辑页面，其中任务创建展示填报相关信息，包括临时备防任务描述、临时备防类型、队伍及人员信息等。审批功能根据权限进行审批流程的流转，展示分局对下属管理处上报的临时备防任务进行审批，并反馈通知管理处。

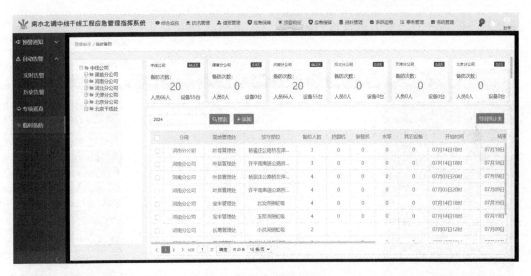

图 6-15 临时备防页面设计

6.6 应 急 指 挥

6.6.1 应急事件一张图

1．需求分析

应急事件一张图模块是一个重要的信息展示和可视化工具。它将实时的应急事件数据、监测信息、资源调度等内容以地图为背景进行展示，基于事件进行应急事件发生、发展、处置、总结的全过程管理，包括监测预警、事件影响、物资及人员、历史经验智能提取、事件处置成果全过程管理。

2．功能设计

应急事件一张图服务集成了地图图层服务，模块以卫星地图为背景，覆盖南水北调中线工程涉及的地区和关键区域，标记指挥中心的位置，显示与前线人员的通信设施和联系方式，部署救援队伍、医疗人员、消防车辆、救护车等应急资源的位置和情况。同时将来自监测系统的实时数据，如气象信息、水情信息、水质信息等，在地图上以图标、曲线等形式展示，以雷达图、曲线图等直观方式显示监测数据变化趋势。

3．系统实现

如图 6-16 所示，系统编辑可视化页面，基于地图展示预警区域的雷达、云图、降水等值面图等气象数据，点击地图图层控制按钮，即可实现不同图层的切换。同时，支持对不同地区的气象信息查询判断。

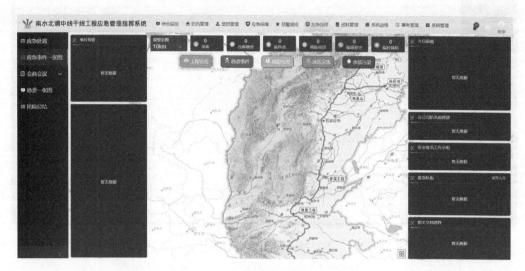

图 6-16　应急事件一张图页面设计

6.6.2　会商会议

1．需求分析

会商会议的目的是确保在应急情况下能够快速有效地召集相关部门和专家，共同研判形势、制定决策，以应对紧急事件。会商会议模块可以召集相关部门和专家，就紧急情况进行研判和分析，协调各相关单位之间的资源调配，共同制定应对策略和决策，以确保工程在危机中能够做出正确的应急响应。同时对工程可能面临的风险进行评估和预警，根据风险程度提出相应的应对措施，以最大限度减少可能发生的损失。

2．功能设计

会商会议模块是南水北调中线工程应急指挥系统的重要组成部分，主要功能为应急决策、资源调配和风险评估。其信息管理对象包括参会人员、会议议题、会议记录、会议决策和应急措施等，这些信息将在会商会议模块中进行管理和跟踪。管理与会人员的基本信息，包括添加、编辑和删除与会人员的功能，允许添加、编辑和删除会议议题，可以设置议题的优先级和紧急程度。

3．系统实现

如图 6-17 所示，会商会议页面主要是对会商会议的基础信息、资料、会议纪要等进行管理。会商准备可以对会议内容进行查询、填报、修改、删除；会商研判可进行研判与展示，在历史记录中可以查询过往会议内容和主题。

图 6-17　会商会议页面设计

6.6.3　应急处置

1．需求分析

应急处置模块的设计目的在于针对应急事件发生后采取的一系列处置措施进行系统化管理。设立中央指挥组负责总体应急决策和协调资源调配，提供实时决策支持，以最小化潜在风险、降低损害，确保组织或系统能够在应急状态下高效运作和应对多样化的紧急情况。

2．功能设计

应急处置模块具备多项功能，包括现场指挥、突发事件报告单处理、现场抢险指挥部创建、抢险方案制定、抢险会议管理、进度管理、排班功能、综合保障（考勤、交通、用餐、住宿）以及抢险总结。这些功能涵盖了展示、查询、填报、修改、删除，以及导出 Word/Excel 等多方面操作，旨在实现对紧急情况的全方位管理和协调，提高应急响应效率，确保应急工作的有序展开和全面总结。

3．系统实现

如图 6-18 所示，应急处置页面点击新建按钮，弹出输入框，输入应急事件基础信息，可生成一条新的记录，可对应急处置事件进行增删改查和信息导出。对已关联突发事件的应急处置事件，可查看相应突发事件的突发事件报告单、续报单，可对突发事件信息进行修改、删除等操作。对未关联突发事件的应急处置事件，可添加一条突发事件，系统自动关联相应突发事件报告单。

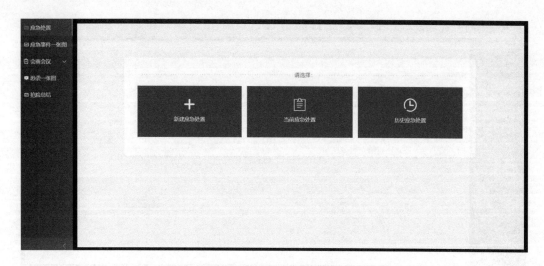

图 6-18　应急处置页面设计

6.7　小　　结

　　本章主要介绍了南水北调中线工程应急指挥系统的建设实践，着重强调了系统功能的实现和效果。通过应急指挥系统的建设，不仅在预警方面取得了巨大进展，实现了对关键事件的及时监测和准确预测，更在应急响应能力上实现了质的飞跃。这不仅仅是技术层面的成功，更是对危机管理和应急处理流程的深入整合。

　　应急指挥系统的建设成果能够保障南水北调中线工程在各种紧急情况下的安全稳定运行。预警能力的提升不仅有助于及早发现潜在风险，还能在事态发展之前采取必要的措施，最大限度地减轻可能的损害。此外，系统的建设使得应急响应更加高效和协调，确保资源的迅速调度和人员的有效部署。

参 考 文 献

[1] [美] 詹姆斯·格雷克（James Gleick）. 信息简史 [M]. 高博，译. 北京：人民邮电出版社，2013.

[2] 杨竹青. 新一代信息技术导论（微课版）[M]. 2 版. 北京：人民邮电出版社，2024.

[3] 郭斌，刘思聪，刘琰，等. 智能物联网：概念、体系架构与关键技术 [J]. 计算机学报，2023，46（11）：2259-2278.

[4] 陈军飞，邓梦华，王慧敏. 水利大数据研究综述 [J]. 水科学进展，2017，28（4）：622-631.

[5] 徐泉，王良勇，刘长鑫. 工业云应用与技术综述 [J]. 计算机集成制造系统，2018，24（8）：1887-1901.

[6] 赵沁平. 虚拟现实综述 [J]. 中国科学：信息科学，2009（1）：45.

[7] 蒋云钟，冶运涛，赵红莉，等. 智慧水利解析 [J]. 水利学报，2021，52（11）：1355-1368.

[8] 闪淳昌，薛澜. 应急管理概论：理论与实践 [M]. 2 版. 北京：高等教育出版社，2020.

[9] 刘霞，严晓. 我国应急管理"一案三制"建设：挑战与重构 [J]. 政治学研究，2011（1）：94-100.

[10] 钟开斌. 螺旋式上升："国家应急管理体系"概念的演变与发展 [J]. 中国行政管理，2021（5）：8.

[11] 杜霞，耿雷华. 南水北调中线工程运行风险分析 [J]. 水利水电技术，2011，42（3）：4.

[12] 陈晓璐，于洋. 南水北调中线干线工程应急管理能力提升研究 [J]. 水利发展研究，2023，23（1）：45-49.

[13] 钟开斌. 回顾与前瞻：中国应急管理体系建设 [J]. 政治学研究，2009（1）：11.

[14] 陈颖. 南水北调中线干线工程运行突发事件应急管理体系研究 [D]. 北京：北京建筑大学，2023.

[15] 王晓蕾，槐先锋. 南水北调中线干线工程突发事件应急预案体系研究[J]. 水利发展研究，2019，19（4）：4.

[16] 许铭，王毓武，周彩贵，等. 关于危险源与隐患的新见解 [J]. 安全，2021，42（7）：26-34+5.

[17] 徐志超，刘杰，杨文涛，等. 安全风险分级管控和隐患排查治理双重预防机制研究——以南水北调中线干线工程为例 [J]. 中国水利，2021（8）：25-27.

[18] 卢正超，杨宁，韦耀国，等. 水工程安全监测智能化面临的挑战，目标与实现路径 [J]. 水利水运工程学报，2021（6）：103-110.

［19］ Li H，Liu X，Chen X，et al. Robust Anomaly Recognition in Hydraulic Structural Safety Monitoring：A Methodology Based on Deconfounding Boosted Regression Trees［J］. Mathematical Problems in Engineering，2023，2023（1）：7854792.

［20］ Lundberg S M，Lee S-I. A unified approach to interpreting model predictions［C］. Proceedings of the 31st International Conference on Neural Information Processing Systems，2017：4768-4777.

［21］程彭圣男，刘雪梅，李海瑞. 基于 BERT-BiLSTM 模型的输水工程巡检文本智能分类 ［J］. 中国农村水利水电，2023（10）：150-155+160.

［22］刘雪梅，程彭圣男，李海瑞，等. 基于字词向量的 BiLSTM-CRF 水利工程巡检文本实体识别模型 ［J］. 华北水利水电大学学报（自然科学版），2024，45（3）：9-17.

［23］王庆伟，李雪峰. 我国应急演练开展现状综述 ［J］. 中国减灾，2019（23）：4.

［24］ Feng Z，González V A，Amor R，et al. An Immersive Virtual Reality Serious Game to Enhance Earthquake Behavioral Responses and Post-earthquake Evacuation Preparedness in Buildings ［J］. Advanced Engineering Informatics，2020（45）：101118.

［25］宋立兵，王英伟，尚国银. 煤矿灾害应急救援虚拟演练仿真系统研发及培训应用 ［J］. 中国矿业，2024，33（S1）：219-222+229.

［26］杜江岳. 基于虚拟现实的输水工程典型灾变仿真及应急演练 ［D］. 郑州：华北水利水电大学，2023.

［27］王磊，李书杰，谢文军，等. 面向类人角色动画的骨骼运动数据生成算法 ［J］. 合肥工业大学学报（自然科学版），2023，46（1）：36-41+140.

［28］张凤军，戴国忠，彭晓兰. 虚拟现实的人机交互综述 ［J］. 中国科学：信息科学，2016，46（12）：1711-1736.

［29］ Tajari M，Dehghani A A，Meftah Halaghi M. Semi-analytical solution and numerical simulation of water surface profile along duckbill weir［J］. ISH Journal of Hydraulic Engineering，2021，27（1）：65-72.

［30］ Belyaev V. Real-time simulation of water surface ［C］. GraphiCon-2003，2003：131-138.

［31］周升腾. 小规模流体动画仿真的实时渲染研究 ［D］. 秦皇岛：燕山大学，2019.

［32］Driscoll P J，Parnell G S，Henderson D L. Decision making in systems engineering and management ［M］. Hoboken：John Wiley & Sons，2022.

［33］ Ayachi R，Guillon D，Aldanondo M，et al. Risk knowledge modeling for offer definition in customer-supplier relationships in Engineer-To-Order situations ［J］. Computers in Industry，2022，

138：103608.

［34］Al-Moslmi T，Ocaña M G，Opdahl A L，et al. Named entity extraction for knowledge graphs：A literature overview［J］. IEEE Access，2020（8）：32862-32881.

［35］Zhao X，Jia Y，Li A，et al. Multi-source knowledge fusion：a survey［J］. World Wide Web，2020（23）：2567-2592.

［36］Wylot M，Hauswirth M，Cudré-Mauroux P，et al. RDF data storage and query processing schemes：A survey［J］. ACM Computing Surveys（CSUR），2018，51（4）：1-36.

［37］Nematzadeh A，Meylan S C，Griffiths T L. Evaluating Vector-Space Models of Word Representation，or，The Unreasonable Effectiveness of Counting Words Near Other Words［C］. CogSci，2017.

［38］官赛萍，靳小龙，贾岩涛，等. 面向知识图谱的知识推理研究进展［J］. 软件学报，2018，29（10）：2966-2994.

［39］刘雪梅，卢汉康，李海瑞，等. 知识驱动的水利工程应急方案智能生成方法——以南水北调中线工程为例［J］. 水利学报，2023，54（6）：666-676.

［40］陈翔. 南水北调中线干线工程应急调控与应急响应系统研究［D］. 北京：中国水利水电科学研究院，2015.

［41］王新平，刘宪亮，刘建龙，等. 南水北调中线干线工程巡查实时监管系统探索与实践［J］. 中国水利学会 2019 学术年会论文集第四分册，2019.

［42］范哲，黎利兵，商玉洁. 南水北调中线工程安全监测预警机制研究［J］. 水利水电快报，2019，40（4）：57.

［43］陈翔，雷晓辉，蒋云钟，等. 南水北调中线决策会商与应急响应系统设计研究［J］. 水利信息化，2015（2）：5-9.